멘토와 멘티시리즈 • 1

멘토가 안내하고 영재들이 만든

사고력 수학

홍선호 · 이진경 · 선종민 · 홍기성 지음

KW 교우미디어

머리말

평소에 영재수학 프로그램을 만들고, 또 현장에서 영재들을 가르치면서 답답하게 느꼈던 것들이 있었습니다. 그것은 사고력 수학이라는 이름으로 수학을 공부했던 수학 영재아들이 문제를 푸는 기계적인 방법에 길들여져 있다는 것이었습니다. 그리고 특히 여러 곳의 학원에서 수학을 가르치는 모습을 보면 같은 영역의 문제들을 반복해서 풀게 하여 문제 푸는 방법 자체를 암기시키는 노력이 일반화된 모습이었습니다.

물론 문제를 많이 그리고 되풀이 하여 풀다보면 그 문제에 담겨있는 원리나 개념을 깨우치게 되기도 합니다. 그러나 이러한 귀납적인 방법은 너무도 많은 시간을 요구하고, 학생들을 지치게 만드는 좋지 못한 방법입니다. 또한 이러한 방법으로 공부한 학생들은 자기만의 수학 세계를 가질 수 없고, 응용력도 떨어지는 치명적인 단점을 가지게 됩니다.

그래서 학생들이 좀 더 자율적이고 자신만의 수학적 아이디어를 가지게 할 수 있는 방법은 없을까 하고 고민하기 시작했습니다. 그 결과 주어진 문제가 어떤 원리로 구성되어 있는지, 어떤 수학적 개념이 숨어 있는지를 분석하는 훈련을 시켰습니다. 그리고 주어신 문제와 유사한 유형의 문제를 만들어 보도록 유도하였습니다.

학생들은 좋은 문제를 만들기 위해 노력했고, 자신들이 만든 문제에 오류가 있는지 점검해 보고, 또 다른 친구들이 만든 문제를 풀어 보면서 각각의 문제들을 검증해 보는 경험을 하였습니다. 이렇게 문제를 만들거나 다른 친구들이 만든 문제를 해결하면서 학생들은 마치 자신들이 수학자가 된 것처럼 생각하고 행동했습니다.

이러한 경험은 문제를 만든 초등학생들이 몇 년 뒤 중·고등학생이 되었을 때 어떠한 영향을 줄 것인지는 가늠하기 어려울 것입니다. 주어진 문제를 수동적으로 풀기만 하던 태도에서 벗어나 능동적으로 문제를 만드는 경험이 얼마나 멋진 일인가는 해보지 않은 사람은 상상하기 어려울 것입니다. 이 책을 접하는 다른 친구들도 책에 실린 문제들을 푸는 것에 그치지 말고 자신만의 문제를 만들어 보는 경험을 해보기 권합니다.

끝으로 이 책을 만드는데 동참해 준 우리 친구들에게 감사하며, 이들을 지도하는데 참여했던 멘토 선생님인 이진경 선생님, 선종민 선생님, 홍기성 선생님께 감사의 말씀을 드립니다. 또한 이 책을 출판해 주신 교우미디어의 오판근 사장님께 깊이 감사드립니다.

홍선호

CONTENTS

■ 머리말 / 3

■ 나만의 수학문제

난이도 ㊤ / 7

난이도 ㊥ / 47

난이도 ㊦ / 87

■ 나만의 수학문제 – 풀이

난이도 ㊤ / 133

난이도 ㊥ / 170

난이도 ㊦ / 196

난이도 상 중 하

학생들이 만든 문제

멘토수학 – **나만의 수학문제**

난이도 **상**

나만의 수학문제

출제자 김다현

01 1부터 30까지의 서로 다른 자연수를 사용하여 가로와 세로의 곱이 각각 끝에 주어진 수가 되도록 빈칸에 알맞은 수를 써 넣으시오.
(단, 가로와 세로의 각 줄에는 2개의 수만을 사용해야 합니다.)

						45
						276
						55
						7
						54
						36
207	15	14	216	66	15	

Tip 주어진 수를 1부터 30까지의 서로 다른 자연수의 곱으로 표현한 다음 공통으로 곱해진 수를 찾아나가면 좀 더 쉽게 해결할 수 있습니다.

Hint $276 = 12 \times 23, 207 = 9 \times 23 \,/\, 55 = 5 \times 11, 66 = 6 \times 11 \,/\, 7 = 1 \times 7, 14 = 2 \times 7$

출제자 이연재

02 1부터 20까지의 서로 다른 자연수를 사용하여 가로와 세로의 곱이 각각 끝에 주어진 수가 되도록 빈 칸에 알맞은 수를 써 넣어 보시오.
(단, 가로와 세로의 각 줄에는 2개의 수만을 사용해야 합니다.)

					13
					20
					42
					60
					133
7	65	140	57	24	

Tip 주어진 수를 1부터 20까지의 서로 다른 자연수의 곱으로 표현한 다음 공통으로 곱해진 수를 찾아나가면 좀 더 쉽게 해결할 수 있습니다.

Hint $133 = 7 \times 19$, $57 = 3 \times 19$ / $13 = 1 \times 13$, $65 = 5 \times 13$

출제자 김명준

03 108을 가능한 한 여러 가지 방법으로 연속하는 자연수의 합으로 나타내시오.

Hint 3개, 8개, 9개의 합으로 표현할 수 있습니다.

출제자 박우진

04 다음 조건에 맞는 대칭수가 모두 몇 개인지 구하시오.

(조건 1) 네 자리 수이다.
(조건 2) 소수 2개와 소수가 아닌 수 2개로 이루어져 있어야 한다.
(조건 3) 소수 2개가 바깥쪽에 있어야 한다. (예: 2442)

Tip 소수 : 2, 3, 5, 7 / 소수가 아닌 수 : 0, 1, 4, 6, 8, 9

출제자 박우진

05 다음 조건에 만족하는 분수는 모두 몇 개인지 구하시오.

(조건1) 진분수이다.
(조건2) 분자와 분모가 모두 두 자리 수이다.
(조건3) 분자와 분모가 각각 대칭수이다.

Tip 두 자리 수이면서 대칭수를 먼저 찾아봅니다.

출제자 박정준

06 110을 1~100까지의 서로 다른 회문수의 합으로 나타내시오.

(1) 110 = ☐ + ☐

(2) 110 = ☐ + ☐ + ☐

(3) 110 = ☐ + ☐ + ☐ + ☐

Hint1 1 ~ 100까지의 회문수는 두 자리의 회문수와 같습니다.

Hint2 두 자리의 회문수는 11, 22, 33, 44, 55, 66, 77, 88, 99이고 모두 11의 배수입니다. 그리고 $110 = 11 \times 10$입니다.

출제자 김다현

07 120의 진약수 중에서 3과 7의 배수를 빼고 남은 약수의 개수를 구하시오.

출제자 박정준

08 (1) 진약수가 9개인 수를 구하시오. (㉠)
(2) 진약수가 3개인 수의 개수를 구하시오. (㉡)
(단, ㉠,㉡은 1부터 50까지의 자연수입니다.)

Hint1 ($a^l \times b^m \times c^n$의 약수의 개수) $=(l+1)\times(m+1)\times(n+1)$, (단, $a \neq b \neq c$, a, b, c는 소수)
어떤 수의 약수의 개수는 그 수를 소인수분해했을 때 '(지수+1)의 곱'으로 구할 수 있습니다.

Hint2 (1) 진약수가 9개인 수는 약수의 개수가 10개이고 $10=1\times10=2\times5$로 나타낼 수 있으므로 진약수가 9개인 수는 (소수)^9 또는 (소수)$\times$(소수)^{4}의 형태로 나타납니다.
(2) 진약수가 3개인 수는 약수의 개수가 4개이고 $4=1\times4=2\times2$로 나타낼 수 있으므로 진약수가 3개인 수는 (소수)^3 또는 (소수)$\times$(소수)의 형태로 나타납니다.

출제자 이민주

09 약수의 개수가 9개인 세 자리 수 중에서 가장 작은 수와 가장 큰 수의 합을 구하시오.

Hint1 ($a^l \times b^m \times c^n$의 약수의 개수) $= (l+1) \times (m+1) \times (n+1)$, (단, $a \neq b \neq c$, a, b, c는 소수)
어떤 수의 약수의 개수는 그 수를 소인수분해 했을 때 '(지수+1)의 곱'으로 구할 수 있습니다.

Hint2 약수의 개수가 9개인 수는 $9 = 1 \times 9 = 3 \times 3$으로 나타낼 수 있으므로 $(소수)^8$ 또는 $(소수)^2 \times (소수)^2$의 형태로 나타납니다.

출제자 박우진

10 1부터 50까지의 과잉수를 모두 구하고, 그 수의 합을 구하시오.

Tip 과잉수는 진약수의 총합이 그 수보다 큰 수입니다.

출제자 정선우

11

10,000개의 문이 닫혀있습니다. 10,000명의 사람이 다음과 같은 규칙으로 성문을 열고 닫는다면 마지막에는 총 몇 개의 문이 열려 있을까요?

① 1번 사람은 1의 배수의 문을 엽니다.
② 2번 사람은 2의 배수의 문을 닫습니다.
③ 3번 사람은 3의 배수의 문을 열려 있으면 닫고, 닫혀 있으면 엽니다.
④ 4번 사람은 4의 배수의 문을 열려 있으면 닫고, 닫혀 있으면 엽니다.
⑤ 5번 사람은 5의 배수의 문을 열려 있으면 닫고, 닫혀 있으면 엽니다.
⋮

출제자 이서윤

12

개미집에는 100개의 개미방이 있습니다. 100마리의 개미가 모두 알을 낳으려고 합니다. 다음과 같은 방식으로 100마리의 개미들이 모두 지나가고 나면 짝수개의 알이 남아 있을 방은 모두 몇 개일까요?

① 첫 번째 개미는 모든 방에 알을 하나씩 낳습니다.
② 두 번째 개미는 짝수 방에 알을 하나씩 낳습니다.
③ 세 번째 개미는 3의 배수 방에 알을 하나씩 낳습니다.
④ 네 번째 개미는 4의 배수 방에 알을 하나씩 낳습니다.
⋮

Hint 예를 들어 7번 방은 1, 7번의 개미가 지나가면서 알을 낳기 때문에 짝수개의 알이 남아 있을 것입니다.
8번 방은 1, 2, 4, 8번의 개미가 지나가면서 알을 낳기 때문에 짝수개의 알이 남아 있을 것입니다.
9번 방은 1, 3, 9번의 개미가 지나가면서 알을 낳기 때문에 홀수개의 알이 남아 있을 것입니다.
남아 있을 알의 개수가 짝수 개인 방과 홀수 개인 방의 특징을 살펴봅니다.

출제자 이서윤

13 다음 문제의 답을 구하고 계산 방법 즉, 규칙을 설명하고 답을 구하시오.

$$5+10+15+20+\cdots+95+100+95+\cdots+20+15+10+5$$

Hint 1+2+3+2+1을 다음과 같이 나타낼 수 있습니다.

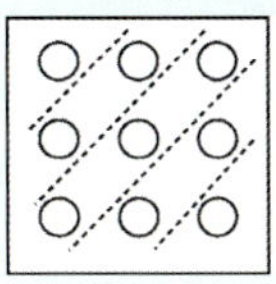

➔ $1+2+3+2+1=3\times 3=9$

출제자 이다윤

14 1부터 8까지의 자연수를 한 번씩만 사용하여 각 변의 세 수의 합이 12가 되도록 다음의 테두리 마방진을 완성하시오.

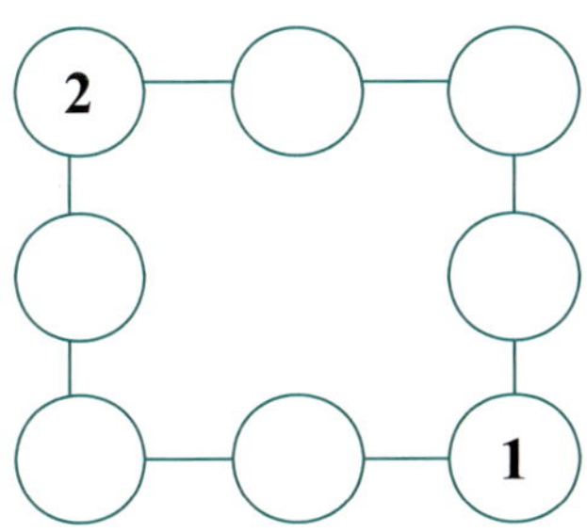

Tip 1부터 8까지의 자연수 중 합이 12가 되는 세 수를 먼저 찾아봅니다.

Hint 1부터 8까지의 자연수 중 합이 12가 되는 세 수를 찾아보면,
(1, 3, 8), (1, 4, 7), (1, 5, 6), (2, 3, 7), (2, 4, 6), (3, 4, 5) 입니다.

출제자 오성목

15 1부터 9까지의 수를 한 번씩 사용하여 각 변의 합이 20이 되도록 하시오.

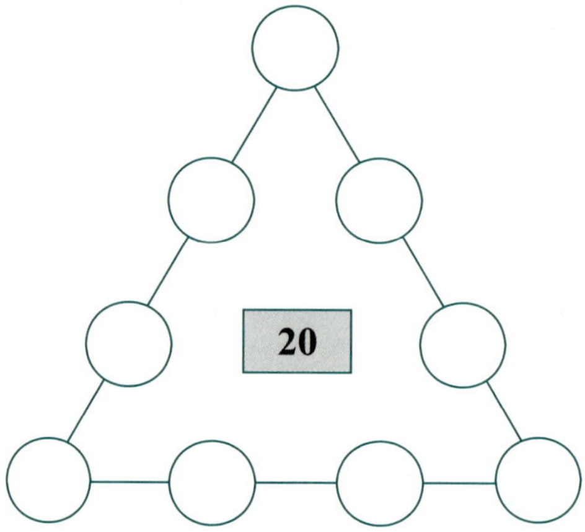

Hint1 각 변의 합을 더하면 $20 \times 3 = 60$이고 색칠된 부분의 수들은 두 번씩 더해지게 됩니다. 그런데 1부터 9까지의 수를 한 번씩 사용해야하므로 원 안에 들어갈 모든 수들의 합은 $1+2+\cdots+9=45$이고, 따라서 색칠된 부분의 수들의 합은 $60-45=15$가 되어야 합니다.

Hint2 합이 15가 되는 세 수를 모두 찾으면,
(9, 5, 1), (9, 4, 2), (8, 6, 1), (8, 5, 1), (8, 4, 3), (7, 6, 2), (7, 5, 3), (6, 5, 4) 입니다.

출제자 오성목

16 성순이가 비밀번호를 잊어버려서 집에 들어가지 못하고 있습니다. 다음은 규칙이 있는 수열이고 □ 안에 들어갈 알맞은 수들을 차례로 나열했을 때 만들어지는 수가 비밀번호라고 합니다. 비밀번호를 구하시오.

1 3 □ □ □ □ 29 47

출제자 이다윤

17 각 칸에 4개의 서로 다른 수 〈2, 4, 6, 8〉을 가로, 세로, 대각선에 꼭 한 번씩만 들어가도록 배열하여 각 줄의 합이 20이 되도록 하시오.

2	8	6	4

Hint1 대각선 위의 칸에 먼저 수를 정해주면 쉽게 풀립니다.

2	8	6	4
6			

또는

2	8	6	4
8			

Hint2 다음 순서대로 풀어보세요.

2	8	6	4
⑪	⑤	②	⑥
⑩	①	④	⑦
6/8	⑨	⑧	③

또는

2	8	6	4
⑪	③	②	⑥
⑩	①	④	⑦
6/8	⑨	⑧	⑤

출제자 박우진

18 각 칸에 가, 나, 다, 라, 마를 넣어서 대각선, 가로, 세로에 모두 가, 나, 다, 라, 마가 하나씩 있게 하시오. 또, 각 줄 위에 써 있는 글자는 그 줄의 시작 글자입니다.

	라					
가						다
						나
	마					

Hint 1

라				
가	㉠	㉡		다
마				나

㉠에 들어갈 글자를 찾아보고 ㉡에 들어갈 글자를 정해봅니다.

Hint 2 다음 순서대로 풀어보세요.

라	⑫	⑪	⑩	②
가	마	나	①	다
⑤	⑯	③	⑨	⑰
⑥	④	⑬	⑦	⑱
마	⑮	⑭	⑧	나

또는

라	⑯	⑰	⑱	②
가	마	라	①	다
⑤	⑮	③	⑪	⑫
⑥	④	⑭	⑦	⑬
마	⑨	⑧	⑩	나

출제자 김명준

19 같은 영문자는 같은 수를 나타냅니다. 빈 칸에 알맞은 수를 써 넣고, D의 수를 구하시오.

D	B	C	C	D	B	38
B	C	E	A	C	C	44
C	D	E	A	E	D	44
D	E	F	F	C	B	46
E	A	E	A	A	E	48
D	F	F	E	C	D	44
40						

Hint C = 7

출제자 곽동규

20 A와 B를 모두 포함하는 크고 작은 직사각형은 몇 개인지 모두 구하시오.

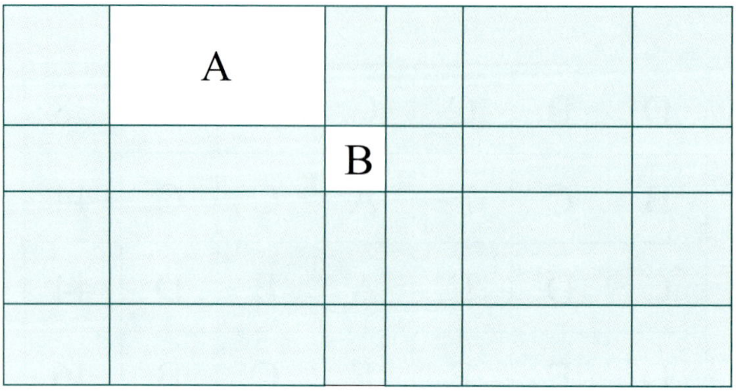

출제자 김명준

21 아래의 그림에서 ☆을 포함하고 있지 않는 크고 작은 직사각형의 개수를 모두 구하시오.

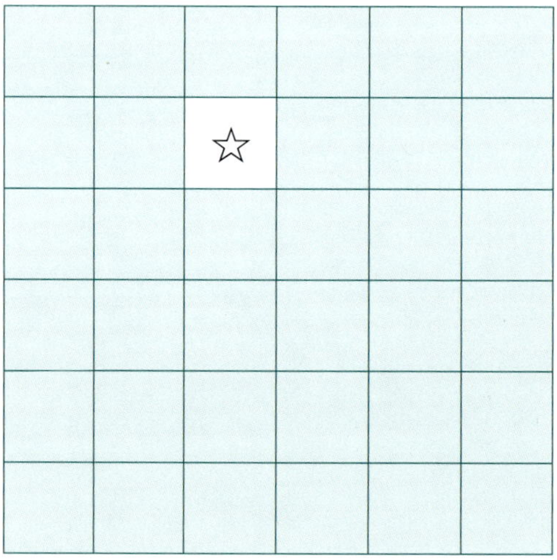

Hint (☆을 포함하고 있지 않는 직사각형의 개수)=(전체 직사각형의 개수)−(☆을 포함하는 직사각형의 개수)

출제자 박정준

22 아래의 그림에서 a를 포함하지만, b와 c를 포함하지 않는 직사각형의 개수를 모두 구하시오.

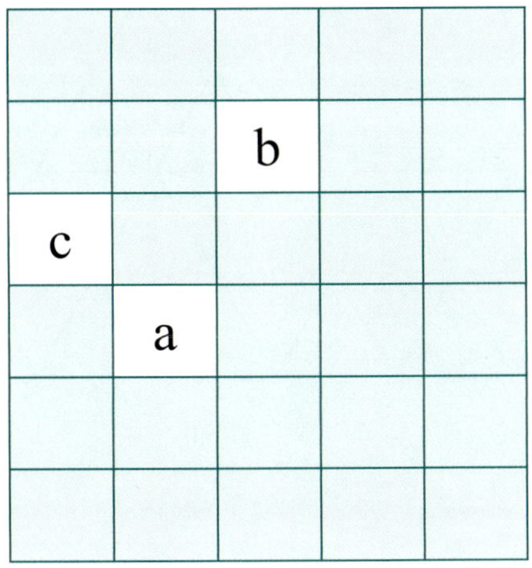

출제자 이서윤

23 아래의 그림에서 ★을 포함하고 있는 직사각형이 아닌 크고 작은 평행사변형을 모두 찾아 개수를 쓰시오.

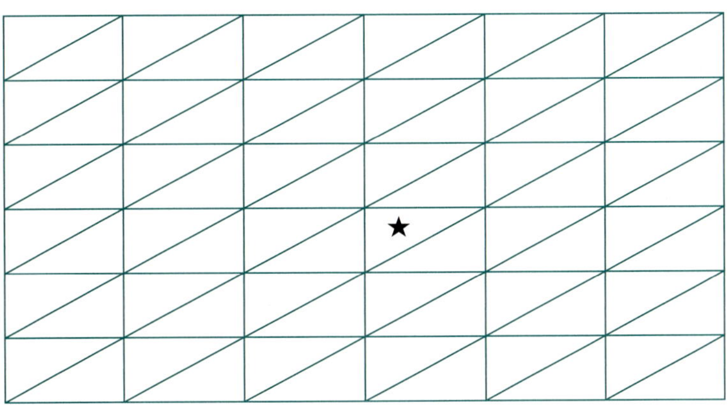

Tip 직사각형이 아닌 평행사변형 모양을 찾아보면 '' 또는 '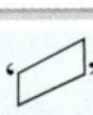'입니다. 두 가지 모양을 각각 나누어 찾아봅니다.

출제자 이민주

24 아래의 도형을 모양과 크기가 같은(합동인) 4개의 도형으로 나누시오.

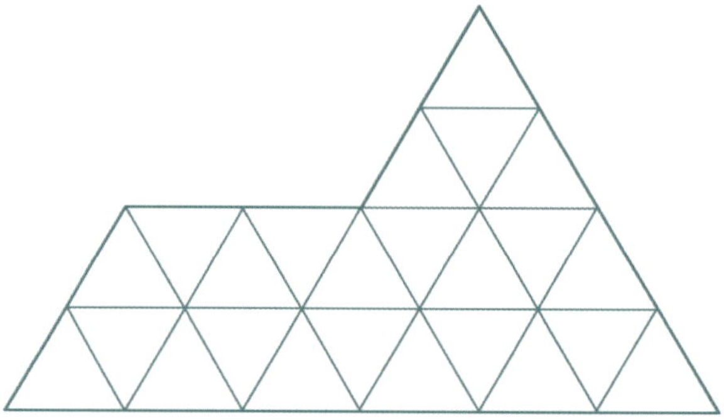

Hint 그림은 △ 모양이 모두 24개이므로 4개의 도형으로 나누려면, 24 ÷ 4 = 6이므로 △ 모양 6개로 이루어진 도형으로 나누어야 합니다.

출제자 이다윤

25 다음 정육면체에 그어진 선분을 정육면체의 전개도에 나타내시오.

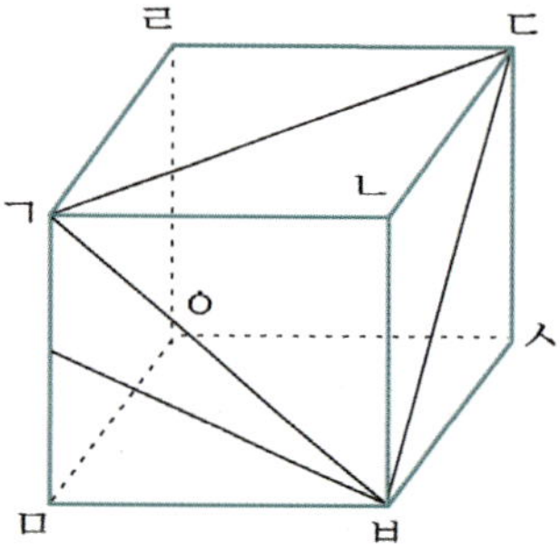

→

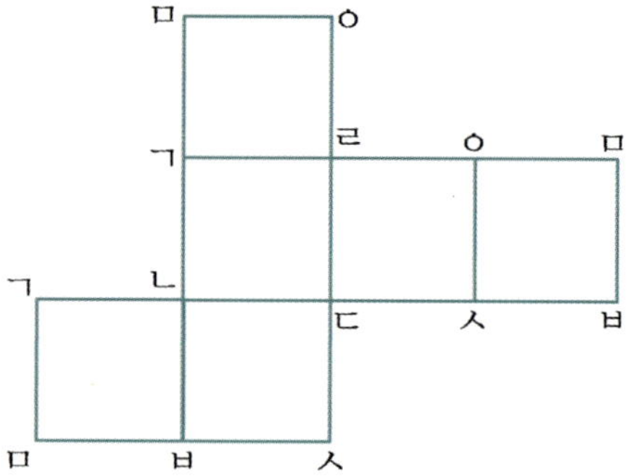

Tip 선분이 지나간 면을 먼저 찾아보고 어떤 점과 어떤 점을 이었는지 확인해봅니다.

출제자 곽근형

26 아래의 그림은 한 모서리의 길이가 18cm인 정육면체의 전개도입니다. 전개도에서의 선분 AB가 최단거리가 되기 위한 x 와 y의 길이의 합은 얼마입니까? 그리고 전개도에서의 선분AB를 정육면체에 나타내시오.

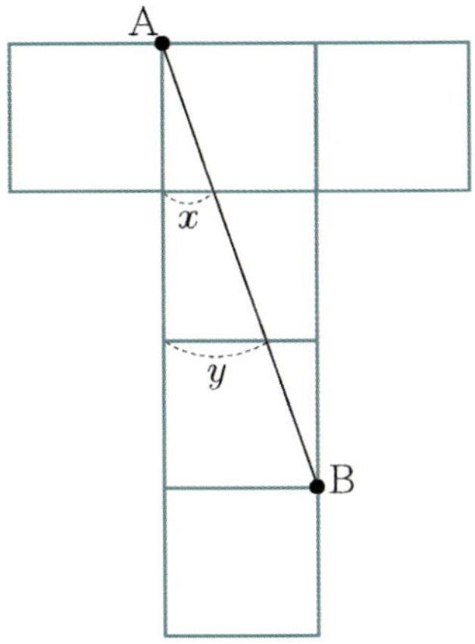

➔

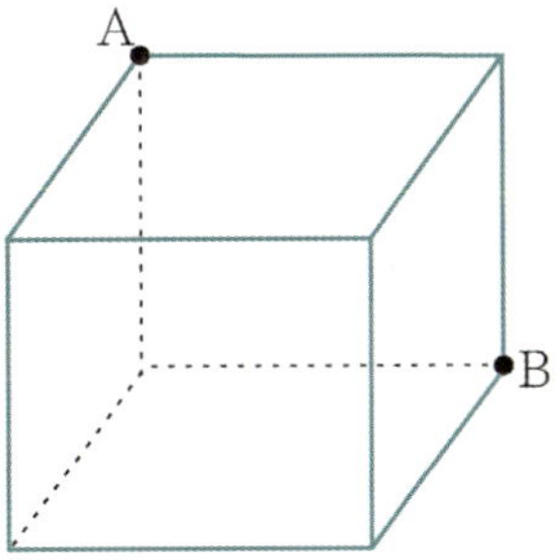

출제자 정선우

27 오른쪽의 칠교 조각 중 가장 큰 직각이등변삼각형 한 개를 뺀 나머지 6조각을 이용하여 직사각형을 만드시오.

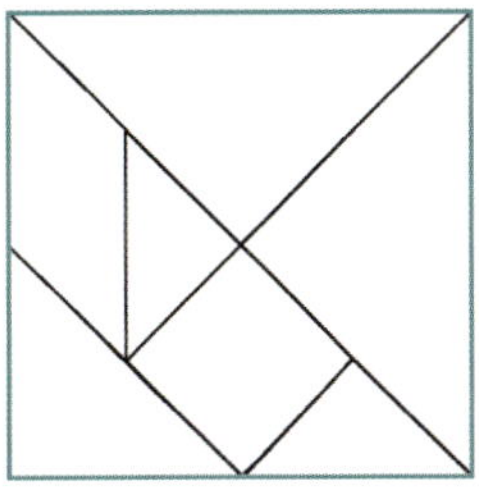

출제자 이정은

28 다음은 계산 결과가 맞지 않습니다. 성냥개비 1개만 옮겨서 계산 결과가 맞게 하시오.

(1)

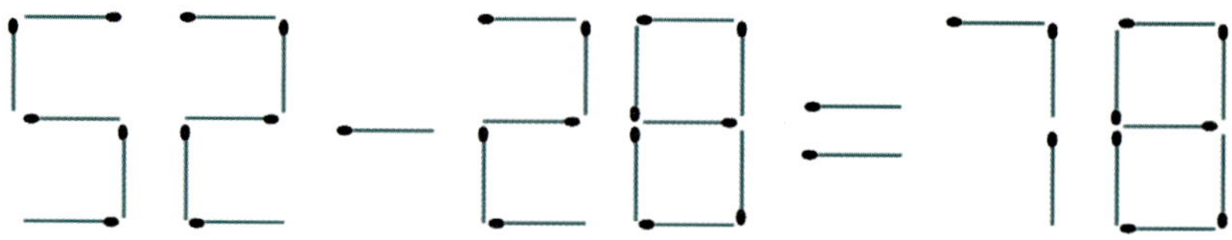

(2)

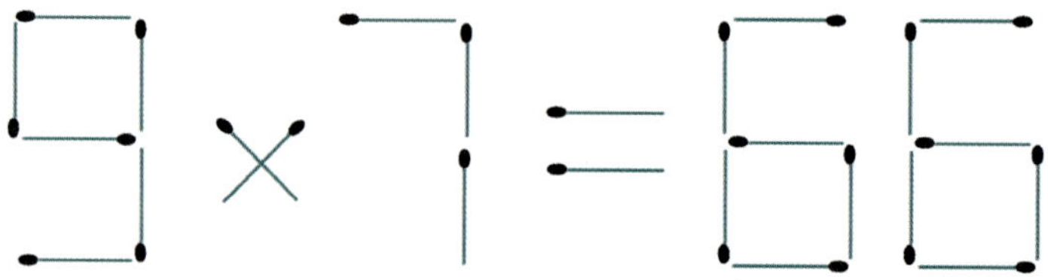

출제자 이정은

29 정사각형 종이를 아래와 같이 접고 마지막 접힌 곳에 '글'이라는 글자 모양으로 오렸습니다. 마지막 도형까지 펼쳤을 때 왼쪽 하단에 나타나는 글자는 무엇입니까?

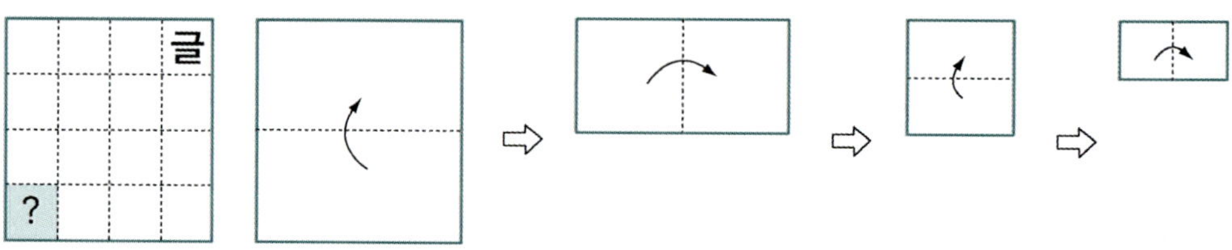

Hint 종이를 접었을 때, 알고자 하는 위치는 다음과 같이 이동하고 접은 종이를 펼칠 때 선대칭으로 모양이 옮겨집니다.

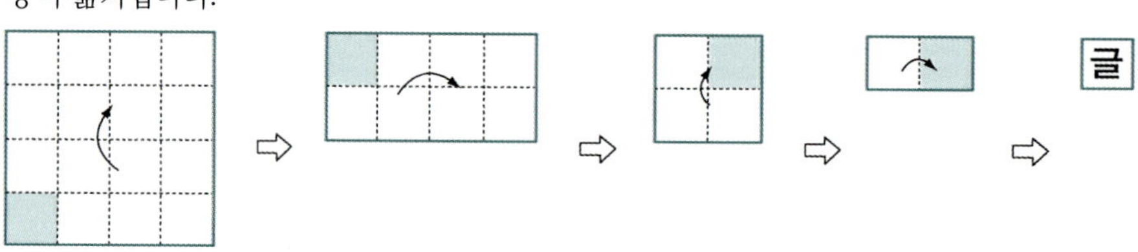

출제자 이연재

30 정사각형 종이를 다음과 같이 접은 후 선을 따라 오렸습니다. 다음 물음에 답하시오.

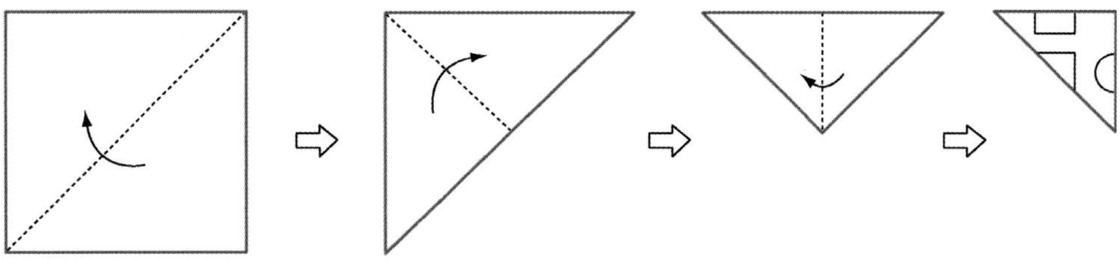

(1) 종이를 펼쳤을 때 어떤 모양이 나타나는지 그리시오.

(2) 원은 몇 개입니까??

(3) 정사각형은 몇 개입니까?

출제자 곽동규

31 85개의 다이아몬드 중 1개의 다이아몬드만 무겁습니다. 양팔저울을 이용하여 최소한 몇 번 안에 무거운 1개의 다이아몬드를 찾아낼 수 있을까요?

출제자 이연재

32 A, B, C 세 사람이 있었습니다. 그런데 C가 자신이 갖고 있는 돈의 $\frac{1}{3}$을 B에게 주고, A가 B에게 자신이 갖은 돈의 $\frac{1}{2}$을 주었습니다. 그 다음에는 B가 A에게는 자신이 가진 것의 $\frac{1}{9}$을, C에게는 A한테 주고 남은 돈의 $\frac{1}{4}$을 주었다고 합니다. 세 사람이 서로 돈을 바꾼 후에 세 사람은 돈이 3000원으로 같았다면 원래 세 사람은 각각 얼마의 돈을 갖고 있었을까요?

Hint 마지막 조건부터 거꾸로 접근해 봅니다.

예) 마지막에 B가 C에게 가지고 있던 돈의 $\frac{1}{4}$을 주고 난 후에 남은 돈이 3,000원이었으므로 주기 전 갖고 있던 돈은 $3,000 \div 3 \times 4 = 4,000$원입니다.

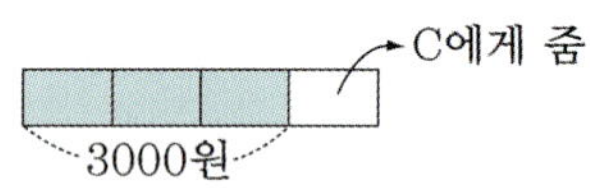

출제자 김다현

33 다음 그림을 보고 직육면체의 부피를 구하시오.

	(가)	(나)	(다)
그림	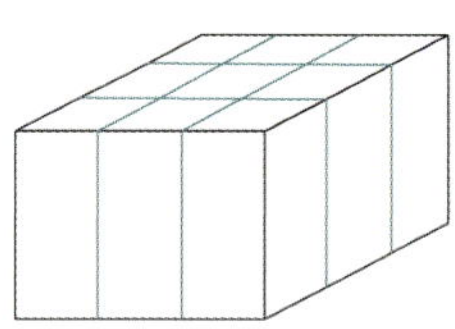	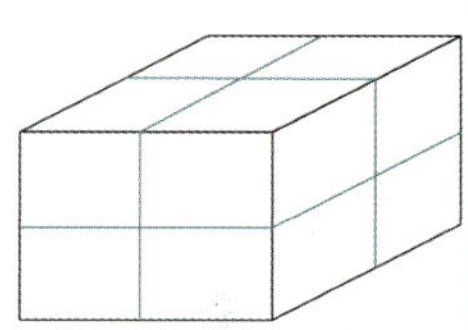	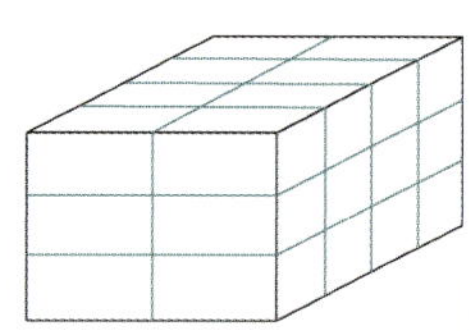
끈의 길이	104cm	88cm	168cm

출제자 강동엽

34 다음 평행사변형에서 각 ㉠의 크기를 구하시오.

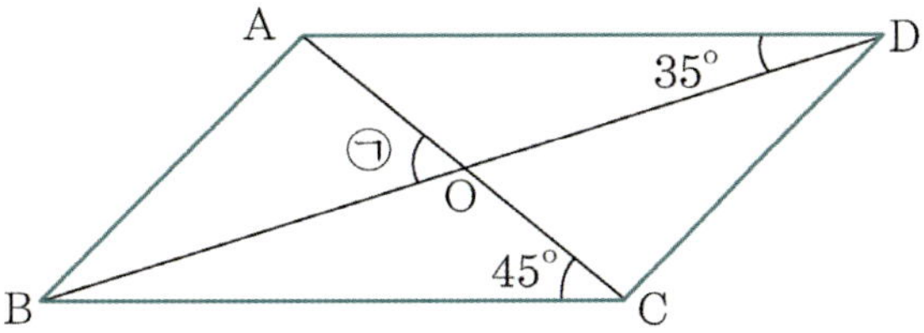

Hint 점 O를 지나고 선분 AD와 선분 BC에 평행한 직선 l을 그린 후 평행선의 성질을 이용합니다.

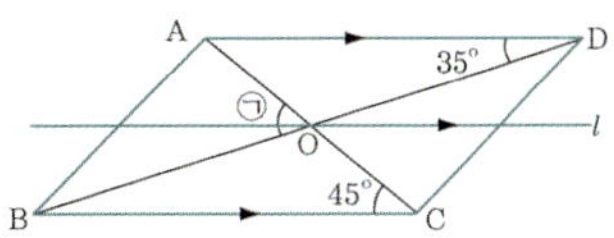

출제자 이민주

35 다음 그림에서 직선 가와 직선 나는 서로 평행하고 각 ㉠은 각 ㉡보다 16° 큽니다. 각 ㉡은 몇 도인지 구하시오.

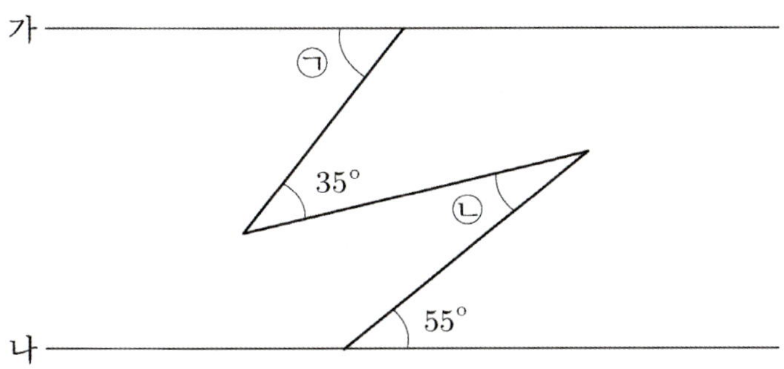

Hint 점 C를 지다고 직선 가, 나에 평행한 직선을 그린 후 평행선의 성질과 삼각형 내각의 성질을 이용합니다.

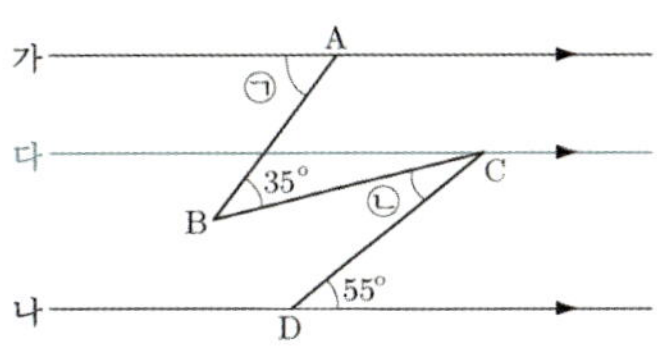

출제자 이정은

36 두 직선 l과 m이 평행할 때 각 x의 크기를 구하시오.

(1)

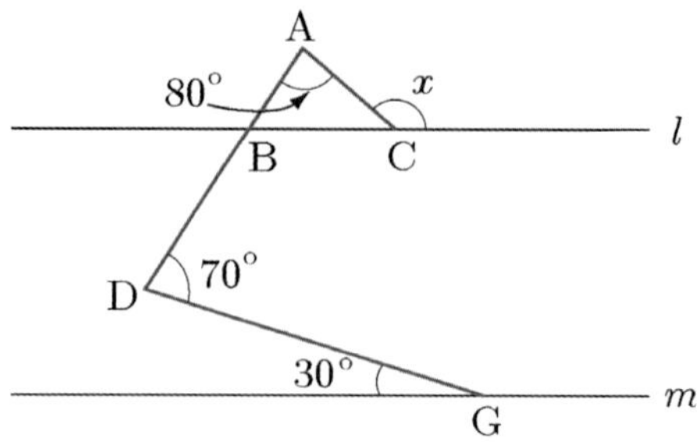

(2)

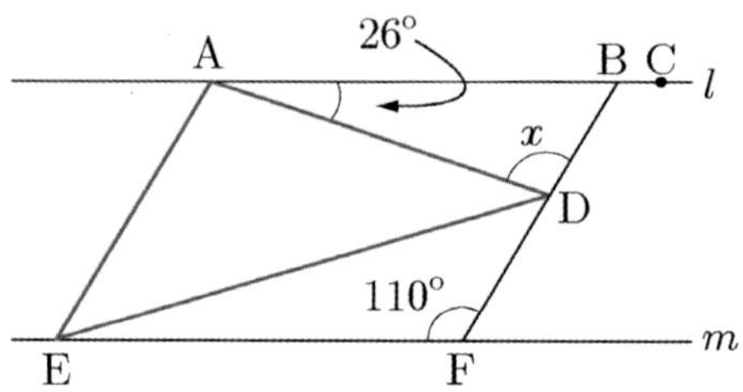

(3) (사각형 ABCD는 직사각형입니다.)

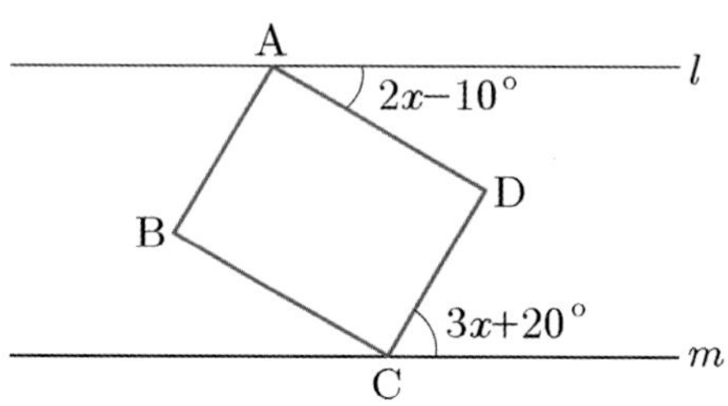

Hint 평행선의 성질을 이용합니다.

(1), (3) 보조선을 그려 해결합니다.

(1)

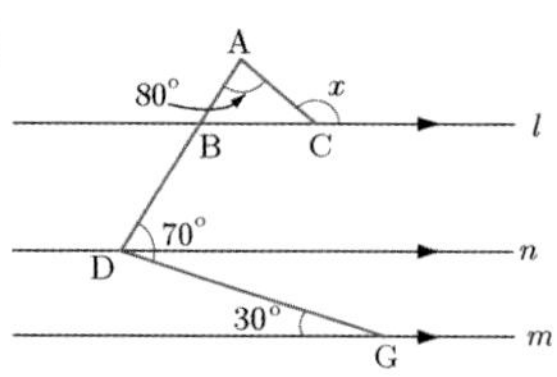

(3)

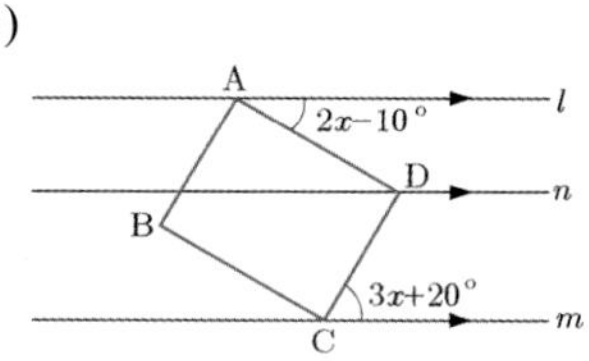

(2) 각 CBD의 크기를 먼저 구해봅니다.

출제자 이서윤

37 9, 12, 15, 18, 21, ⋯, 102의 합과 8, 12, 16, 20, 24,⋯, 124의 합의 차를 구하시오.

출제자 이정은

38 다음 물음에 답하시오.

(1) (18부터 256까지의 자연수의 합)−(18부터 256까지의 짝수의 합)을 구하시오.

(2) (18부터 256까지의 자연수의 합)−(18부터 256까지의 홀수의 합)을 구하시오.

출제자 김다현

39 200부터 298까지 짝수들의 각 자리 숫자의 합을 모두 구하시오.

Tip 백의 자리 숫자, 십의 자리 숫자, 일의 자리 숫자로 각각 나누어 구해봅니다.

출제자 이연재

40 10부터 1000까지의 각 자리 숫자의 합을 구하시오.

Tip 천의 자리 숫자, 백의 자리 숫자, 십의 자리 숫자, 일의 자리 숫자로 각각 나누어 구해봅니다.

출제자 염혜나

41 다음 표에 5는 (다,3)에 있고, 10은 (마,6)에 있습니다. (나,65)에 오는 수는 무엇일까요?

	1	2	3	4	5	6	7	8	9	10	11	12	13	14	15	16	17	18	19	20	21
가	1	2	3						17	18	19						33	34	35		
나			4						16		20						32		36		
다			5	6	7		13	14	15		21	22	23		29	30	31		37	38	39
라					8		12						24		28						40
마					9	10	11						25	26	27						41

Hint 다음과 같이 16개의 수가 반복됩니다. 표에서 (나, ★)에 오는 수의 규칙을 살펴봅니다.

	1	2	3	4	5	6	7	8	9	10	11	12	13	14	15	16	17	18	19	20	21
가	1	2	3						17	18	19						33	34	35		
나			4						16		20						32		36		
다			5	6	7		13	14	15		21	22	23		29	30	31		37	38	39
라					8		12						24		28						40
마					9	10	11						25	26	27						41

출제자 염혜나

42 동생이 종이 위에 숫자쓰기 연습을 하고 있습니다. 1부터 시작하여 차례로 자연수를 적고 있는데 숫자 1개를 쓰는데 5초가 걸리고 다시 또 1개를 쓰기까지 3초간 쉬었다가 5초에 걸려 숫자 하나를 다시 쓴다고 합니다. 동생이 숫자를 쓰기 시작하여 마지막 숫자를 쓰기까지 총 1시간 5분 33초가 걸렸다면 동생은 1부터 몇까지 쓴 것인지 구하시오.

Hint 숫자 1개를 쓰고 다음 숫자를 쓰기 전까지 걸린 시작은 총 $5+3=8$초이고 마지막 숫자를 쓴 후에는 쉬지 않기 때문에 마지막에도 쉬었다고 가정하면 총 걸린 시간은 3초를 더한 1시간 5분 36초입니다. 따라서 동생이 쓴 숫자의 개수는 (1시간 5분 36초) ÷ 8초 = (3936초) ÷ 8초 = 492개를 썼습니다.

출제자 염혜나

43 다음 수는 1부터 시작하여 자연수를 차례로 이어 붙여 쓴 것입니다. 쓴 숫자의 개수를 4를 빼고 세었더니 1232개였다면 1부터 어떤 수까지 쓴 것인지 구하시오.

보기

1 2 3 4 5 6 7 8 9 1 0 1 1 1 2 1 3 1 4 1 5 ……

Tip 숫자 4를 제외한 한 자리 수, 두 자리 수, 세 자리 수의 숫자들의 개수를 각각 나누어 구해봅니다.

Hint 답은 세 자리 수이고 백의 자리 숫자는 5입니다.

출제자 김명준

44 다음 그림을 보고 표를 완성한 후 n번째 ○의 개수를 구하는 수식을 만드시오.

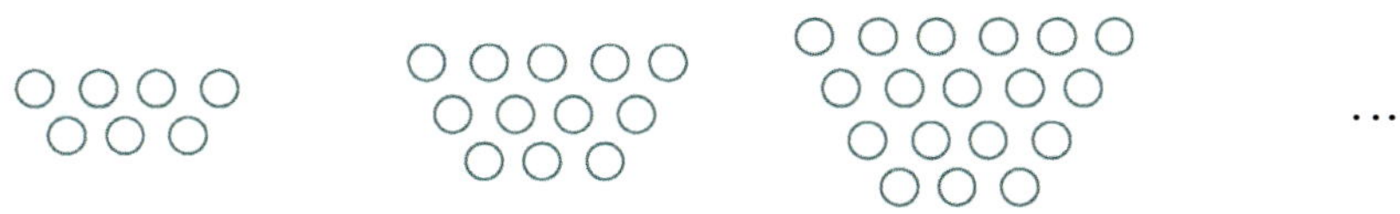

(첫번째) (두번째) (세번째) …

순서	1	2	3	4	5	…
개수						…

출제자 신효은

45 다음 그림을 보고 물음에 답하시오.

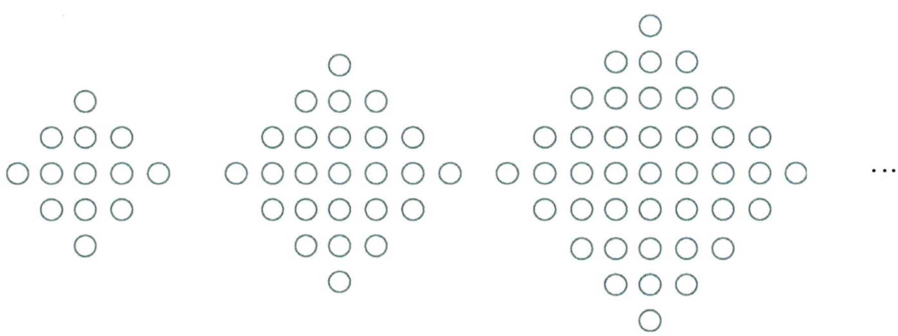

(첫번째) (두번째) (세번째) …

(1) 다음 표를 완성하시오.

순서	1	2	3	…
바둑돌의 수				…

(2) n번째 ○의 개수를 구하는 수식을 만드시오.

(3) 20번째에 나타나는 ○의 개수를 구하시오.

출제자 김명준

46 원이 3000개 겹쳐 있다면 교점은 최대 몇 개입니까?

Hint1 한 원이 다른 원 하나와 만날 때마다 2개의 교점이 생깁니다. 그리고 교점이 최대일 때는 한 점에서 세 개 이상의 원이 만나지 않을 때입니다.

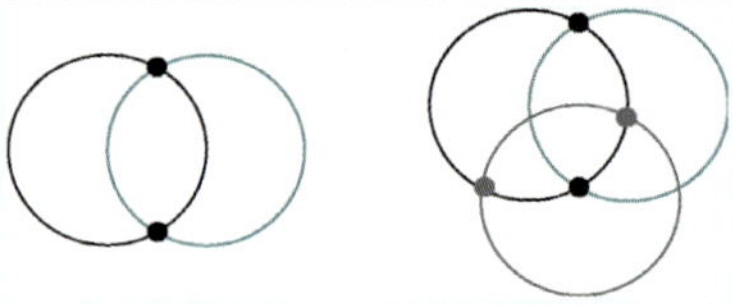

Hint2 한 원을 기준으로 나머지 2999개의 원과 만났을 때 교점이 최대 몇 개가 생기는지 구해봅니다.

출제자 구경모

47 아래의 그림은 성냥개비로 만든 모양입니다. 크고 작은 정삼각형의 개수를 구하시오.

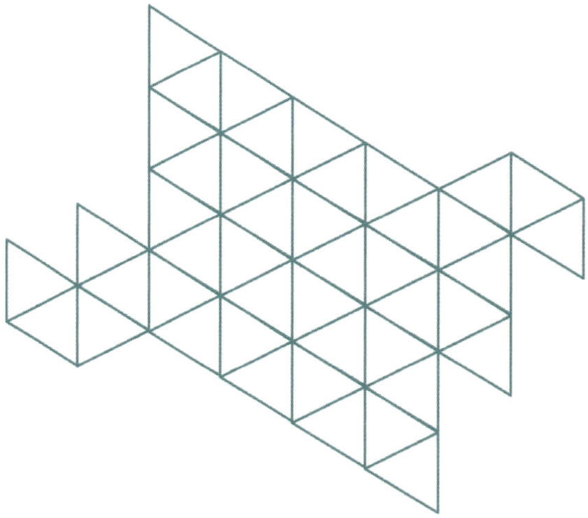

출제자 정선우

48 다음 〈조건〉을 보고 솔이(여자), 민준(남자), 현진(남자), 유리(여자), 재경(남자)의 성과 잘하는 과목을 표에 나타내 보시오.

> **〈조건〉**
> (1) 재경이와 김씨는 서로 매우 친합니다.
> (2) 최씨는 호기심이 많아 과학 실험을 좋아하여 과학을 잘하는 남자입니다.
> (3) 솔이는 체육과 국어를 잘 못합니다.
> (4) 정씨는 여자이며 글쓰기와 독서를 좋아하여 국어를 잘합니다.
> (5) 이씨 성을 가진 남자는 계산이 매우 빨라 수학을 잘합니다.
> (6) 민준이와 현진이는 이씨가 아니며, 현진이는 최씨입니다.
> (7) 박씨와 유리는 친구이며, 박씨는 사회를 좋아합니다.

성 \ 이름	솔이	민준	현진	유리	재경	국어	사회	과학	체육	수학
이										
김										
정										
박										
최										
국어										
사회										
과학										
체육										
수학										

출제자 곽근형

49 유비(남), 초선(여), 손권(남), 복황후(여)의 성은 각각 김, 이, 박, 천 가운데 하나입니다. 그리고 푸아그라, 닭구이, 샌드위치, 초밥을 각각 좋아합니다. 아래의 조건을 참고하여 표를 완성하시오.

〈조건〉

(1) 손권은 박씨와 닭구이를 좋아하는 사람과 편지를 주고 받는다.
(2) 초밥을 좋아하는 남자는 유비를 좋아한다.
(3) 천씨는 다른 사람과 소통하지 않는다.
(4) 유비는 닭구이를 좋아한다.
(5) 푸아그라를 좋아하는 여자는 복황후를 싫어한다.
(6) 손권은 이씨와 싸웠다.
(7) 초선은 박씨이다.

성 \ 이름	유비	초선	손권	복황후	푸아그라	샌드위치	닭구이	초밥
김								
이								
박								
천								
푸아그라								
샌드위치								
닭구이								
초밥								

Hint (1), (4)에서 손권, 박씨, 유비는 서로 소통하는 사이이고, (3)에서 천씨는 다른 사람과 소통하지 않는다고 했기 때문에 손권과 유비는 박씨와 천씨가 아닙니다.

출제자 김다현

50 보기에는 1부터 4까지의 수 이용한 수 퍼즐이 소개되어 있습니다. 다음 보기와 같이 오른쪽에 있는 수를 이용해서 빈 동그라미 속에 알맞은 수를 채워 보시오.

보기

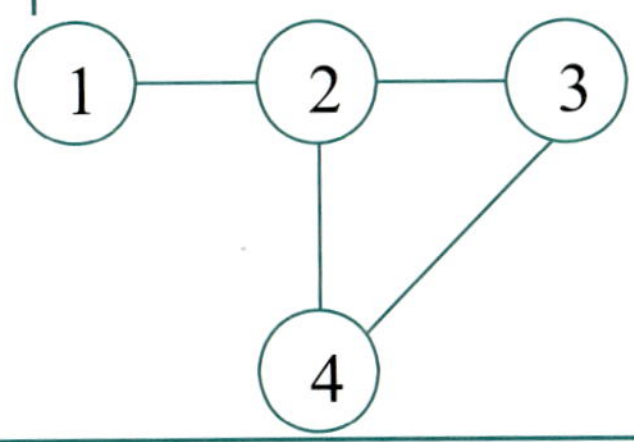

1 ⇒ 2
2 ⇒ 8 (1+3+4)
3 ⇒ 6 (2+4)
4 ⇒ 5 (2+3)

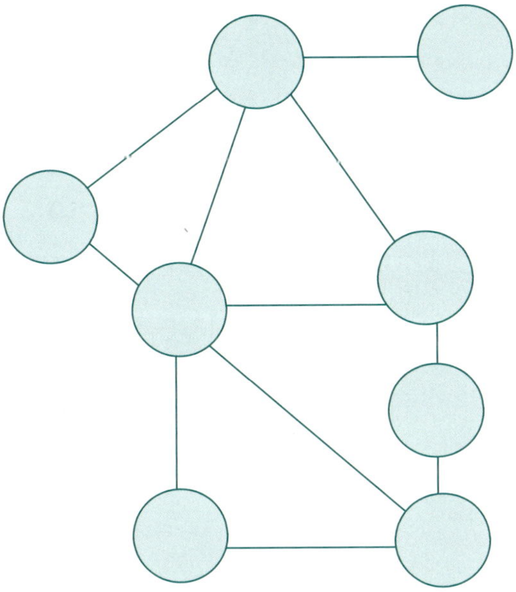

1 ⇒ 21
2 ⇒ 11
3 ⇒ 7
4 ⇒ 1
5 ⇒ 15
6 ⇒ 19
7 ⇒ 13
8 ⇒ 14

출제자 곽동규

51 보기에는 1부터 4까지의 수 이용한 수 퍼즐이 소개되어 있습니다. 다음 보기와 같이 오른쪽에 있는 수를 이용해서 빈 동그라미 속에 알맞은 수를 채워 보시오.

보기

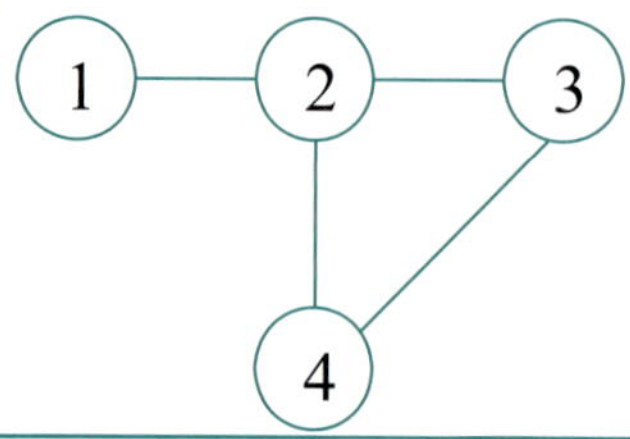

1 ⇒ 2

2 ⇒ 8 (1+3+4)

3 ⇒ 6 (2+4)

4 ⇒ 5 (2+3)

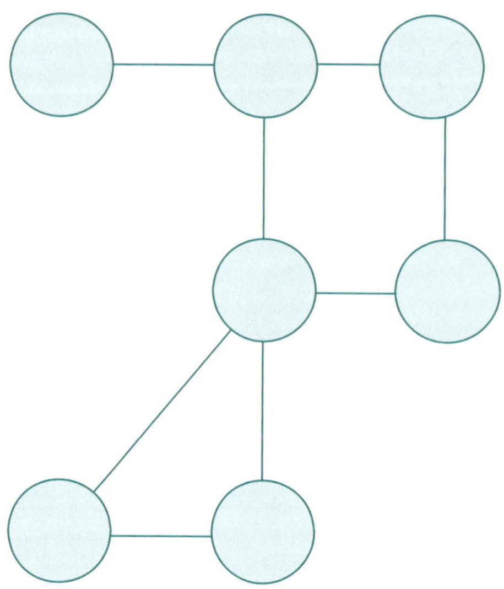

1 ⇒ 5

2 ⇒ 22

3 ⇒ 9

4 ⇒ 5

5 ⇒ 6

6 ⇒ 9

7 ⇒ 8

출제자 구경모

52 보기에는 1부터 4까지의 수 이용한 수 퍼즐이 소개되어 있습니다. 다음 보기와 같이 오른쪽에 있는 수를 이용해서 빈 동그라미 속에 알맞은 수를 채워 보시오.

보기

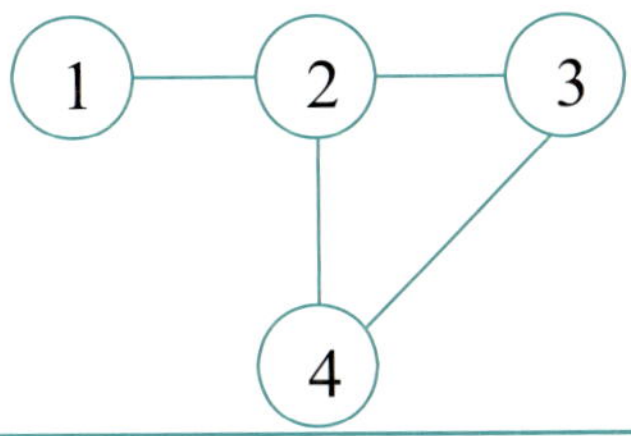

1 ⇒ 2

2 ⇒ 8 (1+3+4)

3 ⇒ 6 (2+4)

4 ⇒ 5 (2+3)

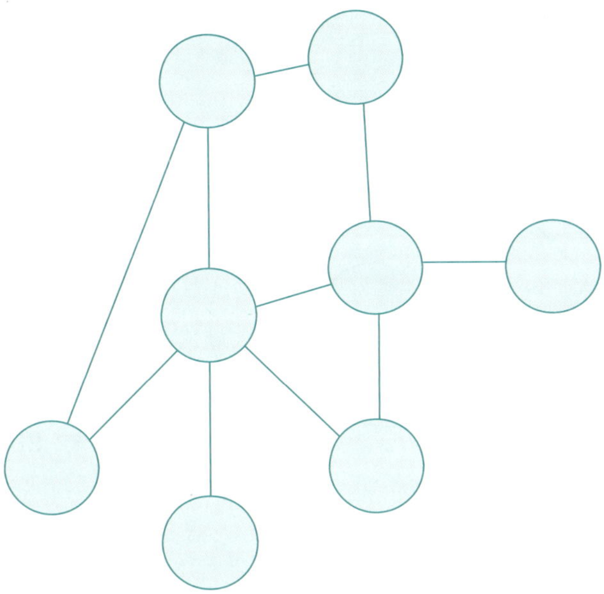

1 ⇒ 17

2 ⇒ 25

3 ⇒ 14

4 ⇒ 4

5 ⇒ 1

6 ⇒ 3

7 ⇒ 2

8 ⇒ 5

출제자 신효은

53 보기에는 1부터 4까지의 수 이용한 수 퍼즐이 소개되어 있습니다. 다음 보기와 같이 오른쪽에 있는 수를 이용해서 빈 동그라미 속에 알맞은 수를 채워 보시오.

보기

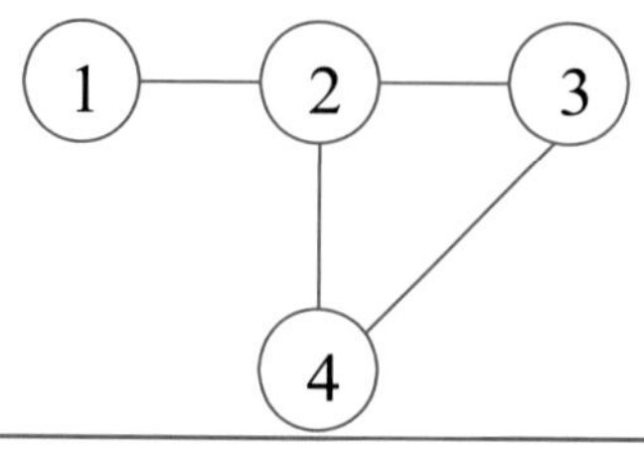

1 ⇒ 2

2 ⇒ 8 (1+3+4)

3 ⇒ 6 (2+4)

4 ⇒ 5 (2+3)

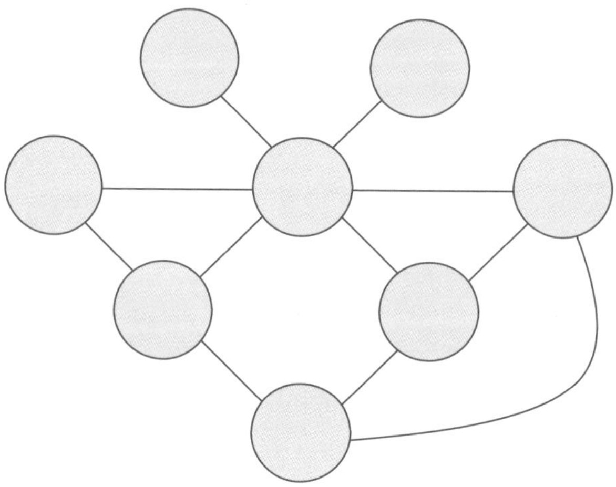

1 ⇒ 8

2 ⇒ 15

3 ⇒ 17

4 ⇒ 13

5 ⇒ 14

6 ⇒ 8

7 ⇒ 13

8 ⇒ 26

출제자 곽근형

54 아래에 그려진 삼각형이 모두 정삼각형이라고 할 때, X에서 Y까지의 갈 수 있는 길은 모두 몇 가지입니까? (단, ↗, ↘, → 방향으로만 갈 수 있습니다.)

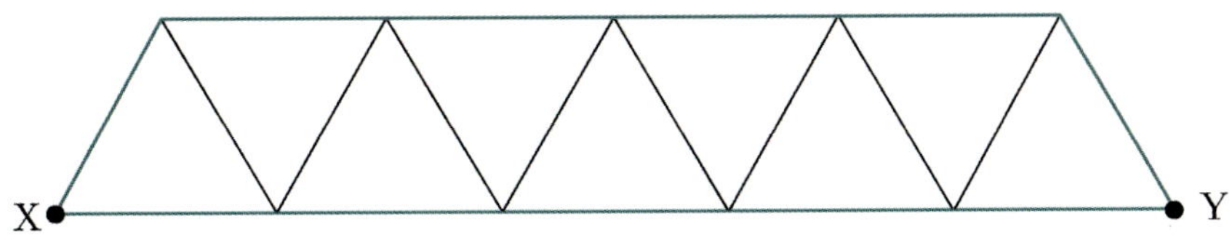

출제자 정선우

55 A에서 B까지의 최단거리는 모두 몇 가지입니까?

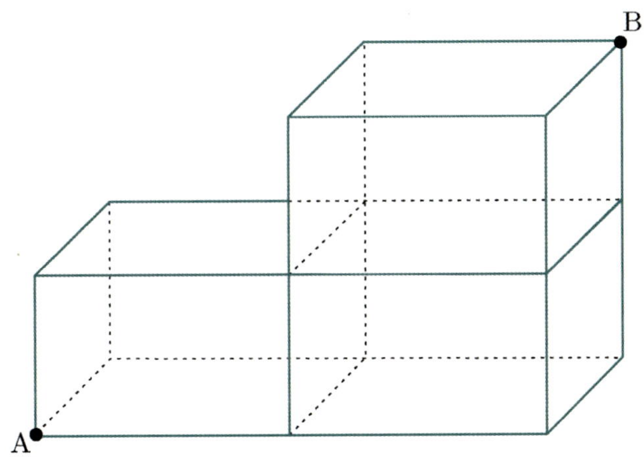

출제자 구경모

56 아래의 쌓기나무를 보고 물음에 답하시오.

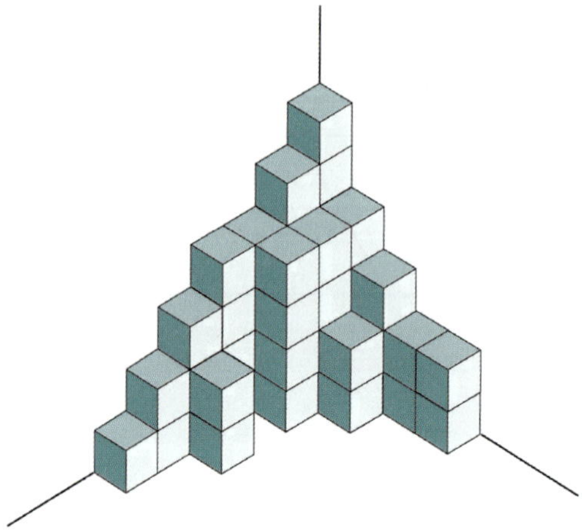

(1) 다음 바탕그림에 안보이는 쌓기나무의 개수를 써넣으시오.

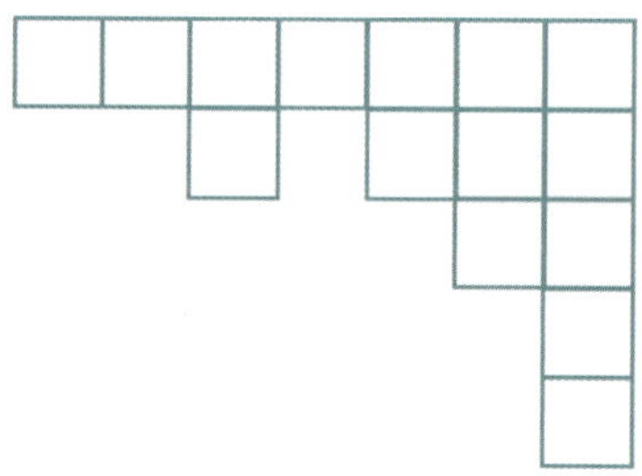

(2) 안 보이는 쌓기나무의 개수를 구하시오.

출제자 이정은

57 다음 물음에 답하시오.

(1) 7부터 275까지의 자연수 중 3의 배수의 합을 구하시오.

(2) 7부터 275까지의 자연수 중 4의 배수의 합을 구하시오.

출제자 곽근형

58 다음 도로에서 X에서 Y까지의 최단거리는 모두 몇 가지입니까?

출제자 염혜나

59 인서가 지금 컴퓨터 숙제를 하고 있습니다. 〈보기〉와 같이 쳐야 한다면 다 치는데 모두 몇 초가 걸리겠습니까? (단, 한 숫자를 치는데 2초가 걸리고 '×'를 치는데 3초, '='를 치는데 4초가 걸린답니다. 그리고 결과는 생각하지 않습니다.)

보기

1×2×3×4×5×6×7×8×9×10×11×12 …… ×1233
= 결과는 생각하지 않음

Tip '×', '='와 수를 나누어 생각합니다. 그리고 수를 다시 한 자리 수, 두 자리 수, 세 자리 수, 네 자리 수를 나누어 생각합니다.

출제자 이서윤

60 다음 조건을 읽고 도연, 도은, 윤서, 라희, 하나, 도현이의 성과 사는 곳을 구하시오.

〈조건〉

(1) 라희는 설씨와 이씨가 아니다.
(2) 하나는 설시와 김씨가 아니고, 103동에 살지 않는다.
(3) 도현이는 설씨이고 104동이나 106동에 산다.
(4) 장씨는 104동에 산다.
(5) 도은이의 성은 박씨 아니면 김씨이고 105동에 산다.
(6) 이씨는 103, 105, 106, 107동에 살지 않는다.
(7) 윤서는 김씨, 고씨, 박씨가 아니다.
(8) 하나는 이씨, 고씨, 박씨가 아니다.
(9) 고씨는 103동에 산다.
(10) 라희는 102동, 107동에 살지 않는다.
(11) 도은이는 박씨가 아니다.

성 \ 이름	도연	윤서	도은	라희	하나	도현	102	103	104	105	106	107
설												
장												
이												
김												
고												
박												
102												
103												
104												
105												
106												
107												

난이도 상 중 하

학생들이 만든 문제

멘토수학 – **나만의 수학문제**

난이도 중

나만의 수학문제

출제자 김홍서

01 21이하의 서로 다른 자연수를 사용하여 가로와 세로의 곱이 각각 끝에 주어진 수가 되도록 빈 칸에 알맞은 수를 써 넣으시오. (단, 가로와 세로의 각 줄에는 2개의 수만을 사용해야 합니다.)

<table>
<tr><td> </td><td> </td><td> </td><td> </td><td> </td><td> </td><td>36</td></tr>
<tr><td> </td><td> </td><td> </td><td> </td><td> </td><td> </td><td>152</td></tr>
<tr><td> </td><td> </td><td> </td><td> </td><td> </td><td> </td><td>357</td></tr>
<tr><td> </td><td> </td><td> </td><td> </td><td> </td><td> </td><td>28</td></tr>
<tr><td> </td><td> </td><td> </td><td> </td><td> </td><td> </td><td>13</td></tr>
<tr><td> </td><td> </td><td> </td><td> </td><td> </td><td> </td><td>48</td></tr>
<tr><td>189</td><td>32</td><td>19</td><td>238</td><td>52</td><td>24</td><td></td></tr>
</table>

Tip 주어진 수를 1부터 21까지의 서로 다른 자연수의 곱으로 표현한 다음 공통으로 곱해진 수를 찾아나가면 좀 더 쉽게 해결할 수 있습니다.

Hint $152=8\times19$, $357=17\times21$, $189=9\times21$, $238=14\times17$

출제자 구경모

02 1부터 12까지의 서로 다른 자연수를 사용하여 가로와 세로의 곱이 각각 끝에 주어진 수가 되도록 빈 칸에 알맞은 수를 써 넣으시오. (단, 가로와 세로의 각 줄에는 2개의 수만을 사용해야 합니다.)

						54
						84
						2
						88
						40
						15
60	48	6	70	11	36	

Tip 주어진 수를 1부터 12까지의 서로 다른 자연수의 곱으로 표현한 다음 공통으로 곱해진 수를 찾아나가면 좀 더 쉽게 해결할 수 있습니다.

출제자 곽근형

03 숫자카드가 1부터 9까지 있습니다. 이 카드로 만들 수 있는 세자리 수, 네자리 수 중 옆, 위, 아래로 뒤집어도 변하지 않는 회문수는 모두 몇 개입니까?

Hint 1~9 까지의 숫자 중 좌, 우, 상, 하로 뒤 집어도 변하지 않는 숫자는 1과 8입니다.

출제자 곽동규

04 세 자리의 대칭수 중에서 첫 번째 짝수 대칭수와 마지막 짝수 대칭수의 합을 구하시오.

Tip 대칭수란 회문수와 같은 의미로 앞에서부터 읽거나 뒤에서부터 읽거나 똑같은 수가 되는 수입니다.

Hint 세 자리 대칭수는 ★◇★(단, 같은 문자는 같은 수) 모양입니다.

출제자 오성목

05 0부터 9까지의 수 중에서 소수로만 이루어진 네 자리 대칭수 중 네 번째로 작은 수를 ㉠㉡㉢㉣이라고 할 때, (㉠×㉡)+(㉢×㉣)을 구하시오.

Tip 1 대칭수란 회문수와 같은 의미로 앞에서부터 읽거나 뒤에서부터 읽거나 똑같은 수가 되는 수입니다.

Tip 2 소수란 약수가 1과 자신 자기 밖에 없는 수로 한 자리 자연수 중 소수는 2, 3, 5, 7입니다.

Hint 네 자리 대칭수는 ★◇◇★(단, 같은 문자는 같은 수) 모양입니다.

출제자 곽동규

06 1부터 증가하다가 어느 수에 이르러서는 다시 1씩 감소하여 1까지 더하는 문제입니다. 중간 수에서 뒤로 8번째 수가 124라면 이 수열의 합은 얼마입니까?

1+2+3+4+……+중간 수 + …… +4+3+2+1

Hint 1+2+3+2+1을 다음과 같이 나타낼 수 있습니다.

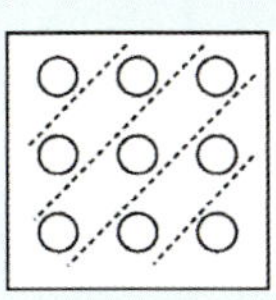

➔ $1+2+3+2+1=3\times3=9$

출제자 박우진

07 아래의 수열의 합을 구하시오.

$$2+4+6+8+\cdots\cdots+98+100+98+\cdots\cdots+8+6+4+2$$

Hint 1+2+3+2+1을 다음과 같이 나타낼 수 있습니다.

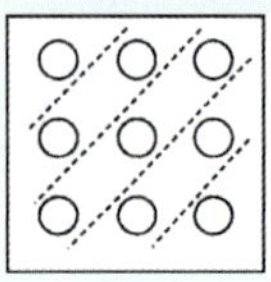

→ $1+2+3+2+1=3\times3=9$

출제자 정선우

08 아래 그림과 같이 8개의 사각형 속에 각각 9개의 구슬이 들어 있습니다. 어느 사각형에서 일정한 수의 구슬을 빼거나 더하더라도 가로, 세로의 합이 27이 되도록 만들어 보시오. (단, 사각형 속의 구슬은 모두 10개 이하입니다.)

9	9	9
9		9
9	9	9

⇒

8		8

⇒

7		7

출제자 이서윤

09 1부터 8까지의 자연수를 한 번씩만 사용하여 각 변의 세 수의 합이 13이 되도록 다음의 테두리 마방진을 완성하시오.

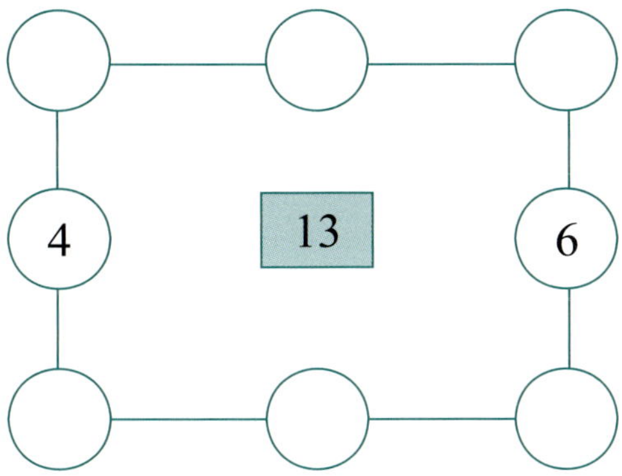

출제자 김다현

10 다음 수열의 합을 구하는 식을 그림으로 나타낸 후 구해보시오.

$$2+4+6+8+\cdots\cdots+46+48$$

출제자 박정준

11 아래의 그림처럼 8개의 컵이 뒤집어져 있습니다. 한 번에 6개의 컵을 동시에 뒤집을 수 있다면 최소한 몇 번 만에 컵을 모두 바르게 놓을 수 있습니까?

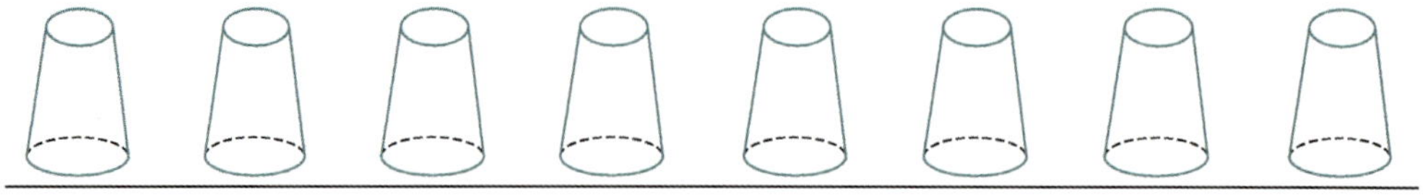

Hint 컵을 홀수 번 뒤집으면 바르게 놓입니다.

출제자 김다현

12 아래의 그림과 같이 엎어져 있는 컵 10개를 3개씩 뒤집어 5개는 바르게, 5개는 엎어져 있도록 놓으려면 최소한 몇 번 뒤집어야 합니까?

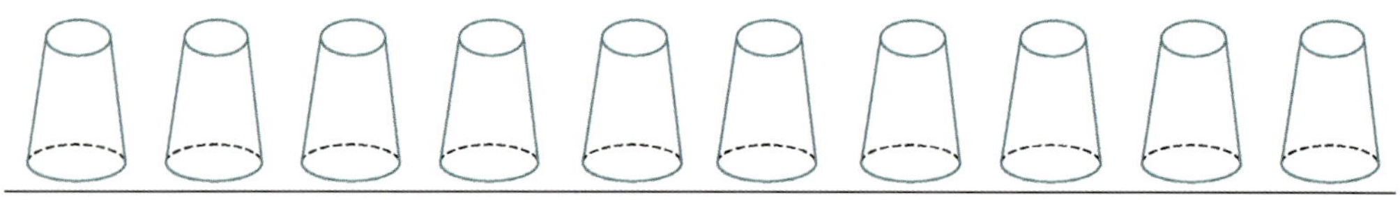

Hint 컵을 홀수 번 뒤집으면 바르게 놓이고 짝수 번 뒤집으면 처음 엎어져 있는 그대로 엎어지게 됩니다.

출제자 김홍서

13 옛날 어느 고조할아버지가 돌아가시게 되었습니다. 그에게는 사랑하는 3명의 아들들에게 물려줄 돼지 11마리가 있었습니다. 고조할아버지께서 첫째 아들에게는 전체의 $\frac{1}{2}$마리만큼 가지라고 했고, 둘째 아들에게는 $\frac{1}{3}$만큼 가지라고 했고, 셋째에게는 $\frac{1}{12}$만큼 가지라고 했습니다. 이 문제를 돼지를 죽이지 않고 지혜롭게 해결할 수 있는 방법을 말하고 만약 해결이 되면 세 아들이 가진 돼지의 수를 각각 나타내시오.

Hint $\frac{1}{2}+\frac{1}{3}+\frac{1}{12}=\frac{6}{12}+\frac{4}{12}+\frac{1}{12}=\frac{11}{12}$ 입니다.

출제자 이연재

14 농부의 유언

농부의 황소가 31마리 있습니다. 다섯 형제에게 유산을 다음과 같이 분배하려고 했더니 여러 가지 문제가 생겼습니다. 그래서 옆집 노인에게 황소 한 마리를 빌려 지혜롭게 분배하였더니 황소를 한 마리도 죽이지 않고 사이좋게 분배할 수 있었습니다. 농부는 어떻게 유언을 내렸을까요?

〈조건〉

① 다섯 형제가 물려받은 황소의 마리 수는 모두 다릅니다.

② 나이가 많은 순서대로 황소를 많이 물려받았습니다.

③ 전체 황소의 마리 수에 대한 물려받은 황소의 마리수의 비율이 모두 단위 분수로 나타납니다.

(1) 첫째 아들 ⇒ (　　　　　)

(2) 둘째 아들 ⇒ (　　　　　)

(3) 셋째 아들 ⇒ (　　　　　)

(4) 넷째 아들 ⇒ (　　　　　)

(5) 다섯째 아들 ⇒ (　　　　　)

출제자 김홍서

15 같은 영문자는 같은 수를 나타냅니다. 오른쪽과 아래쪽의 수는 각 행과 열의 합을 나타내는 수입니다. 빈 칸에 알맞은 수를 넣으시오.

V	W	X	W	28
X	W	W	V	
X	Y	W	X	28
X	Y	Y	X	26
30		27		

출제자 이연재

16 다음 도형에서 ☆을 포함한 직사각형의 개수를 A라고 하고, △를 포함한 직사각형의 개수를 B라고 할 때, 밑변의 길이가 A이고, 높이가 B인 삼각형의 넓이를 구하시오.

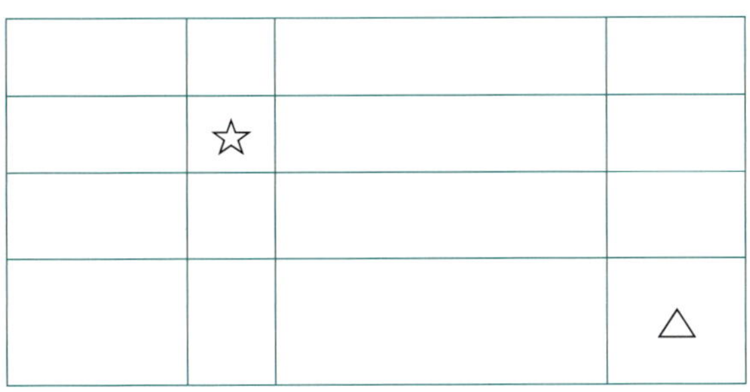

출제자 신효은

17 다음 그림에서 크고 작은 삼각형은 모두 몇 개인지 구하시오.

(1)

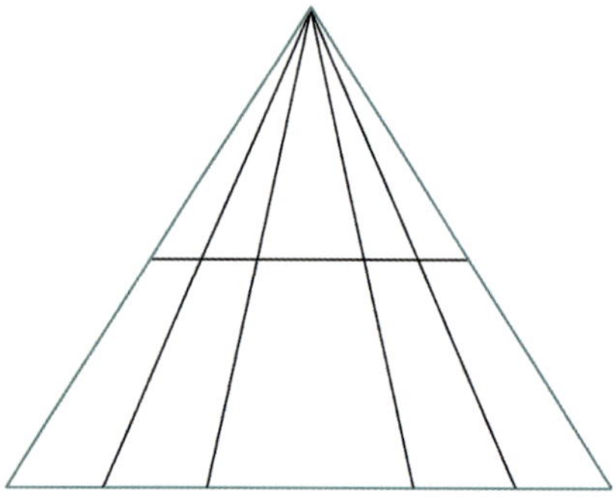

(2)

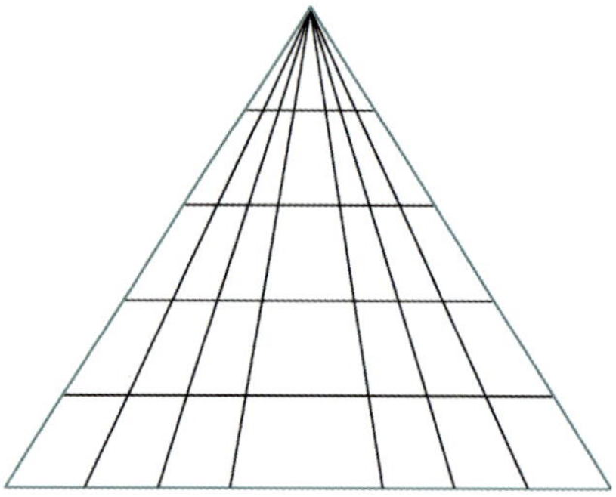

출제자 곽근형

18 ☆을 포함하고 있는 크고 작은 삼각형의 개수는 모두 몇 개인지 구하시오.

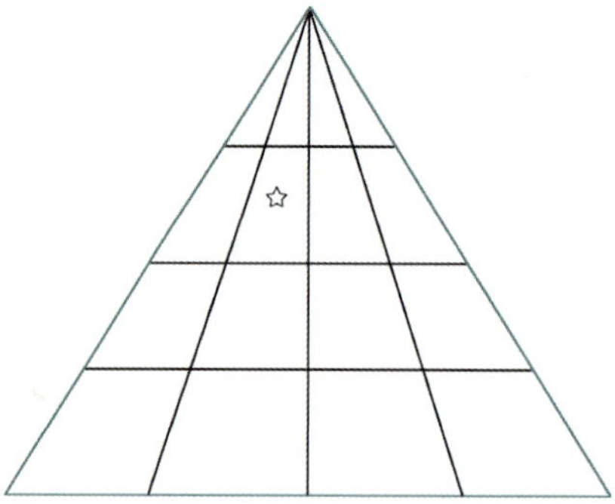

출제자 이민주

19 다음 입체도형을 화살표 방향으로 잘랐을 때, 단면의 모양을 그리시오.

(1) 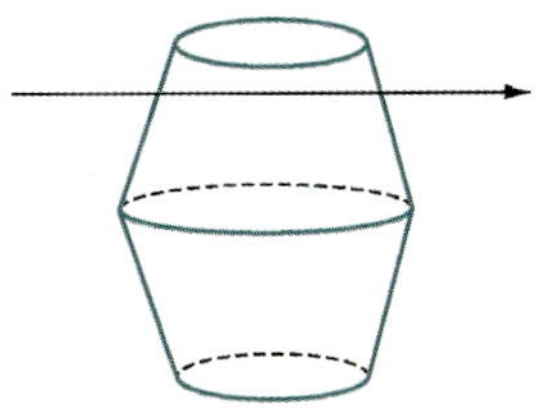 ⇒

(2) 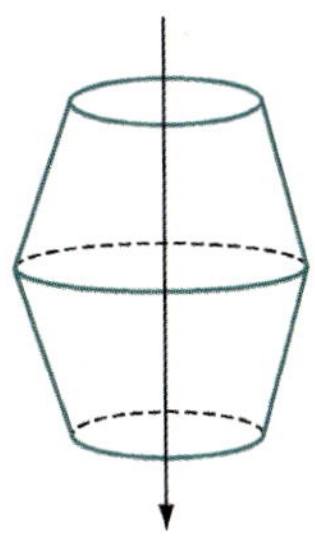 ⇒

(3) 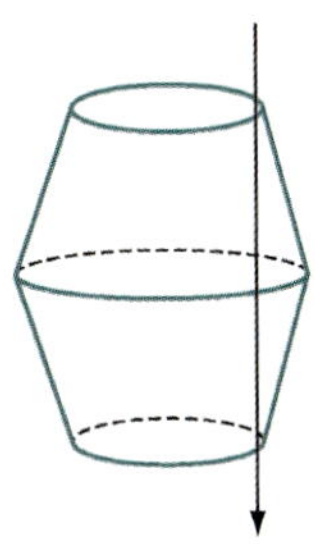 ⇒

(4) 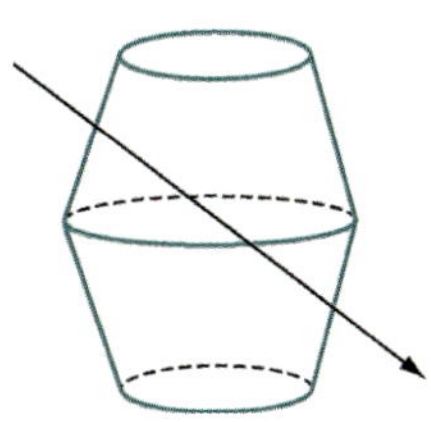 ⇒

출제자 丘景模

20 다음 칠교조각을 모두 사용하여 다음의 그림을 완성하시오.

➔

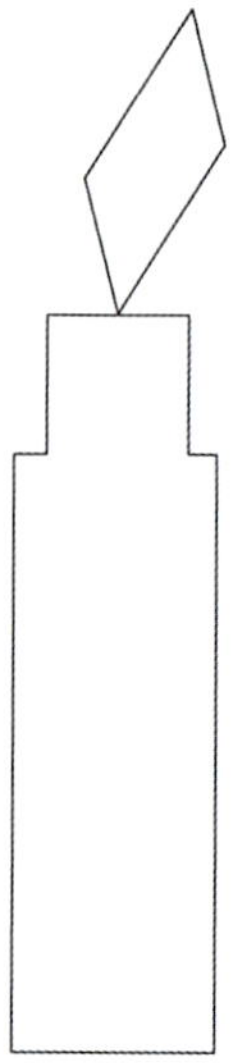

출제자 김명준

21 다음 칠교조각을 모두 사용하여 다음의 그림을 완성하시오.

➔

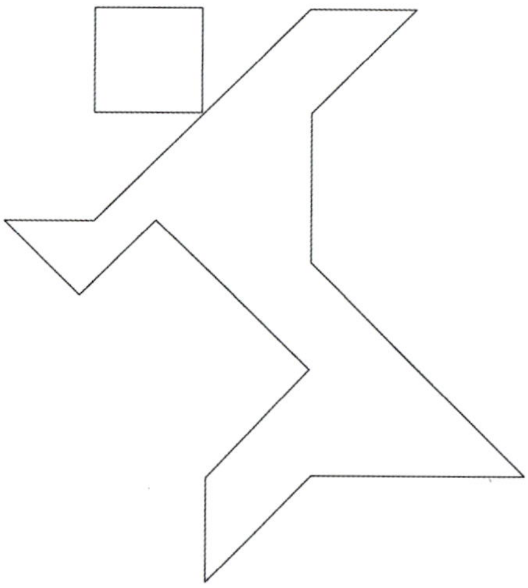

출제자 염혜나

22 다음 중 크기가 같은 한 가지 도형 여러 개로 평면을 빈틈없이 덮을 수 있는 도형은 모두 몇 개입니까?

정삼각형,	이등변삼각형,	직각삼각형,	정사각형,	직사각형
평행사변형,	등변사다리꼴,	원,	마름모,	타원,
정오각형,	정육각형,	정팔각형,	직각이등변삼각형,	부채꼴

출제자 이민주

23 (1) 다음 도형에서 성냥개비 2개를 이동하여 4시 40분을 만드시오.

(2) 다음 도형에서 성냥개비 3개를 이동하여 정사각형 4개를 만드시오.

출제자 곽동규

24 아래의 그림처럼 막대기로 고양이 얼굴을 만들었는데 막대기 7개를 떼내어 마름모 4개와 삼각형 1개를 만드시오.

출제자 이다윤

25 직사각형 종이를 다음과 같이 접은 후 선을 따라 오렸습니다. 종이를 펼쳤을 때 어떤 모양이 나타나는지 그리시오.

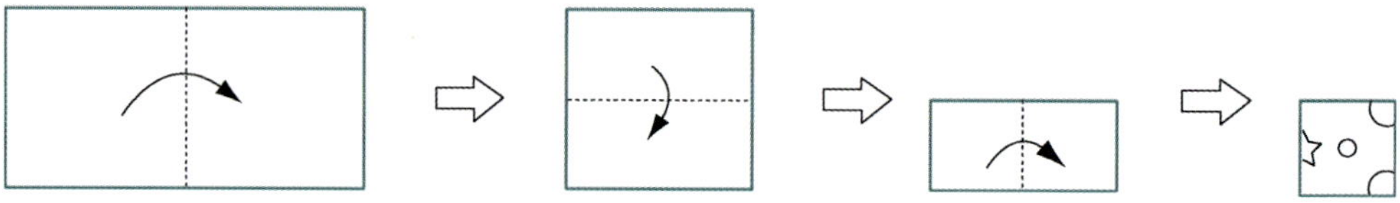

Hint 접은 종이를 펼칠 때 선대칭으로 모양이 옮겨집니다.

출제자 구경모

26 다음 도형의 넓이를 구하시오. (단, 점과 점 사이의 간격을 1cm로 봅니다.)

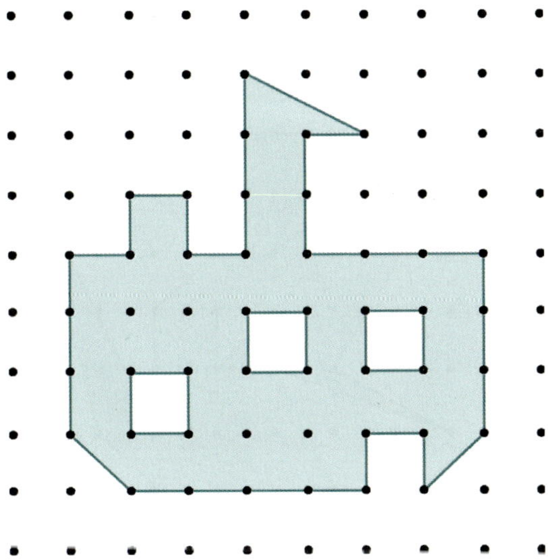

출제자 정선우

27 다음 도형의 넓이를 구하시오. (단, 점과 점 사이의 간격을 1cm로 봅니다.)

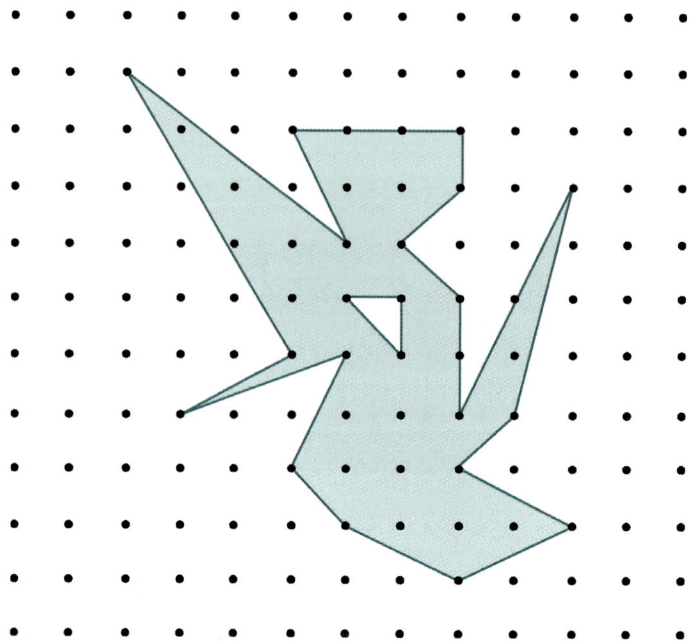

출제자 박정준

28 (1번 도형의 넓이)+(2번 도형의 넓이)-(3번 도형의 넓이)를 구하시오.
(단, 점과 점 사이의 간격을 1cm로 봅니다.)

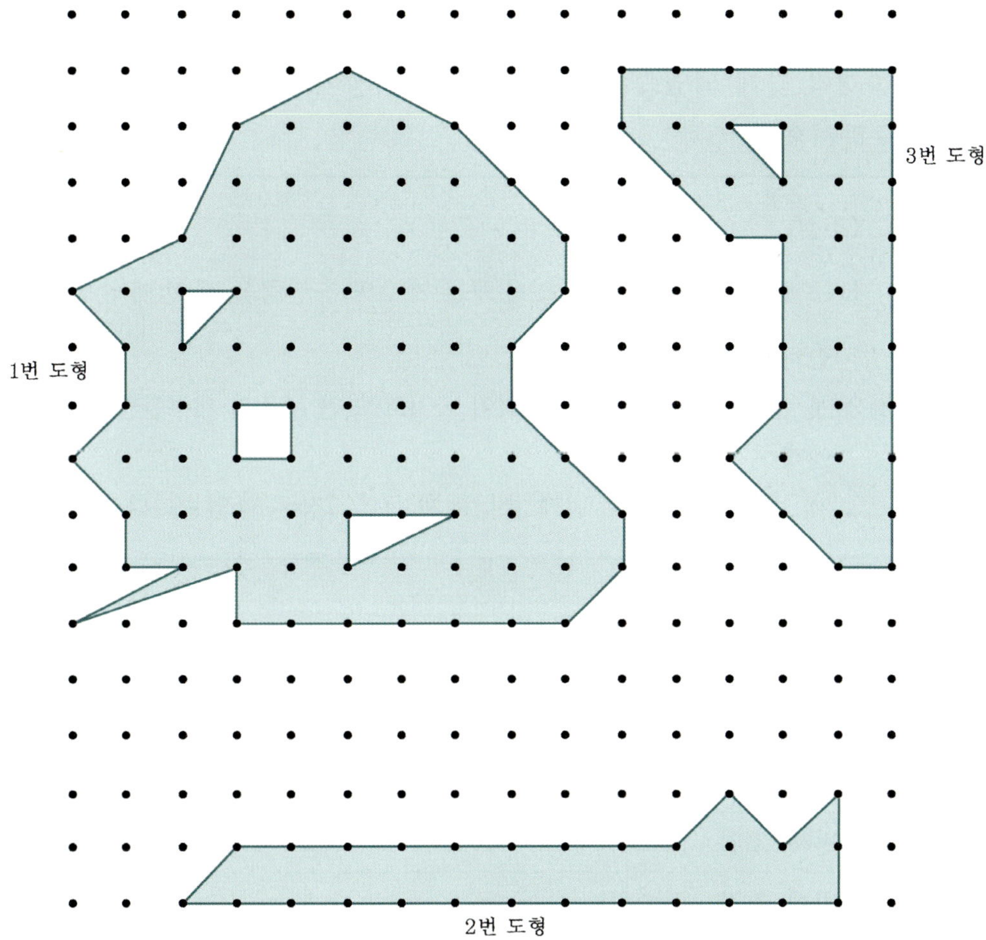

출제자 염혜나

29 다음 문제를 폴리아 박사의 거꾸로 풀기 방식을 이용하여 풀어 보시오.
어느 식당에 세 손님이 들어와 같은 음식을 같은 양만큼 시켰습니다. 그런데 식사를 마친 후 식당의 매니저가 쿠폰 60개를 서로 개수가 다르게 주었습니다. 그래서 아래 조건에 따라 나누어 가졌더니 세 손님이 모두 쿠폰을 20개씩 갖게 되었습니다. 세 손님이 처음에 가지고 있던 쿠폰 수를 각각 구하시오.

〈조건〉

1. 두 번째 손님은 가지고 있던 쿠폰 개수의 $\frac{2}{3}$만큼을 세 번째 손님에게 주었습니다.
2. 첫 번째 손님은 두 번째 손님이 가지고 있던 쿠폰의 개수만큼 두 번째 손님에게 주었습니다.
3. 세 번째 손님은 첫 번째 손님에게 쿠폰 7장은 주었습니다.

다음 표를 채우시오.

	첫 번째 손님	두 번째 손님	세 번째 손님
쿠폰의 개수가 같았다.			
세 번째 조건			
두 번째 조건			
첫 번째 조건			

출제자 김명준

30 A와 B는 라이벌입니다. 어느 날, A와 B는 가위 바위 보를 해서 이기면 진 사람에게서 1000원을 받는 게임을 했습니다. 게임을 끝내고 A와 B는 자신의 돈으로 모두 500원짜리 지우개를 샀더니 A는 20개, B는 18개가 되었습니다. A가 B보다 3번 더 이겼고 비긴 적은 없다면 처음에 A가 가지고 있던 돈과 B가 가지고 있던 돈의 차를 구하시오. (경기는 11번 했습니다.)

출제자 박정준

31 재석이가 집에서 공원까지 절반을 가고 0.5km를 더 갔습니다. 그리고 나머지의 절반을 가고 1km를 더 갔습니다. 그리고 나머지의 절반을 가고 0.5km를 더 갔더니 공원까지 9km가 남았습니다. 집에서 공원까지의 거리를 다음 그림을 이용하여 구하시오.

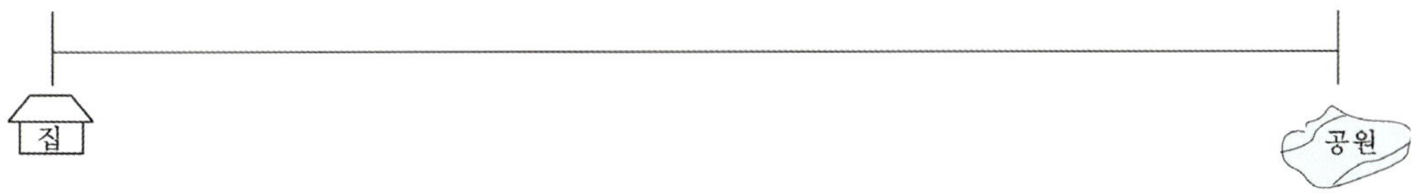

Hint 문제를 그림으로 정리해 보면 다음과 같습니다.

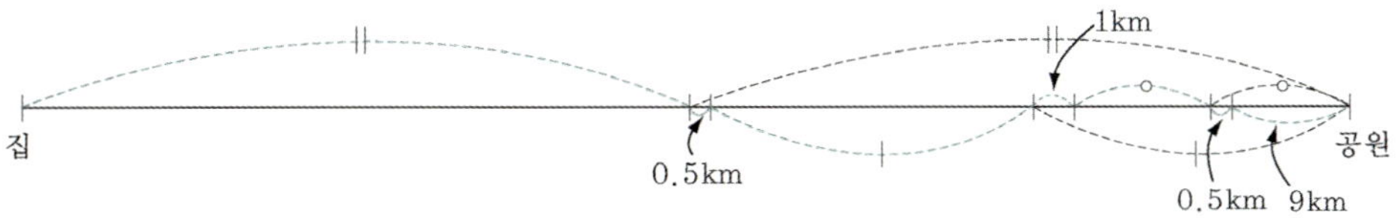

출제자 이다윤

32 $\frac{19}{48}$를 단위분수의 합으로 나타내시오.

(1) $\frac{19}{48}=\frac{1}{가}+\frac{1}{나}+\frac{1}{다}$

(2) $\frac{19}{48}=\frac{1}{라}+\frac{1}{마}+\frac{1}{바}+\frac{1}{사}$

Hint 어떤 분수에서 분자가 분모의 약수이면 그 분수는 단위분수로 나타낼 수 있습니다.

출제자 이정은

33 62개의 지우개가 있습니다. 그 중에서 1개만 무겁다고 합니다. 양팔저울을 사용하여 무게가 무거운 1개의 지우개를 찾아내려면 양팔저울을 최소한 몇 번 사용해야 합니까?

출제자 이정은

34 다음 물음에 답하시오.

첫째 : 한 자리 자연수 하나를 생각하시오.
둘째 : 1에서 9까지의 자연수를 8을 제외하고 순서대로 써서 8자리 수를 만드시오.
셋째 : 그 수에 자신이 생각한 수의 9배한 수를 곱하시오.
넷째 : 여러 가지 경우를 풀어 규칙을 알아내시오.

출제자 이민주

35 다음 물음에 답하시오.

첫째 : 어떤 수를 하나 생각하시오.
둘째 : 자기가 생각한 수에 3을 더하시오.
셋째 : 그 수에 2를 곱하시오.
넷째 : 거기에서 4를 빼시오.
다섯째 : 그것을 다시 2로 나누시오.
여섯째 : 마지막으로 처음에 자기가 생각한 수를 빼시오.

자, 답이 1 맞습니까? 어떤 수를 생각하든 항상 1이 나옵니다. 그 원리를 찾아보시오.

출제자 이다윤

36 가로, 세로 높이가 각각 1cm인 쌓기나무로 아래와 같은 모양의 입체도형을 만들었습니다. 이 입체도형의 전체 표면을 두께 1cm만큼씩 잘라내면 모두 몇 cm^3의 부피만 남을지 구하시오. (남은 도형도 함께 그리시오.)

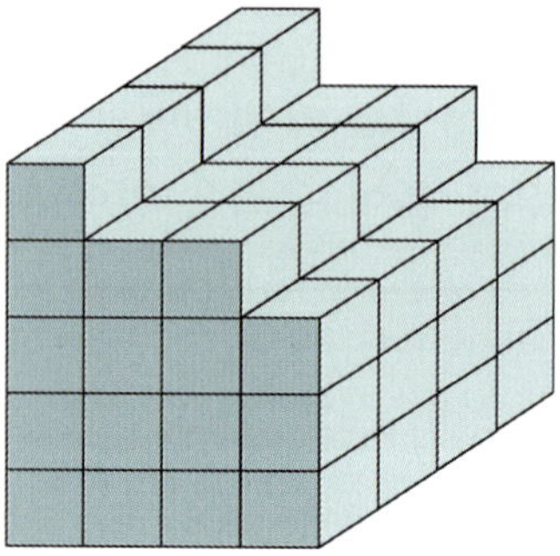

출제자 이서윤

37 다음과 같이 직육면체의 모든 면에 모두 파랑색 페인트를 칠했습니다. 3면이 칠해지는 쌓기나무와 2면이 칠해지는 쌓기나무, 1면이 칠해지는 쌓기나무, 0개의 면이 칠해지는 쌓기나무의 개수를 구해 주어진 〈식〉으로 풀고 답을 쓰시오.

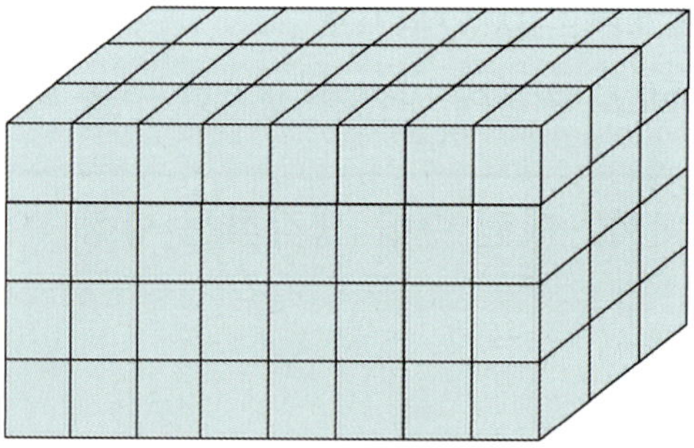

〈식〉 (3면이 칠해지는 쌓기나무의 개수)×(2면이 칠해지는 쌓기나무의 개수)+(1면이 칠해지는 쌓기나무의 개수)−(0개의 면이 칠해지는 쌓기나무의 개수)

출제자 김다현

38 오른쪽 쌓기나무에서 쌓기나무 몇 개를 빼었더니 왼쪽 쌓기나무가 되었습니다. 오른쪽 쌓기나무에서 보이지 않는 쌓기나무 개수와 왼쪽 쌓기나무에서 보이지 않는 쌓기나무 개수의 차를 구하시오.

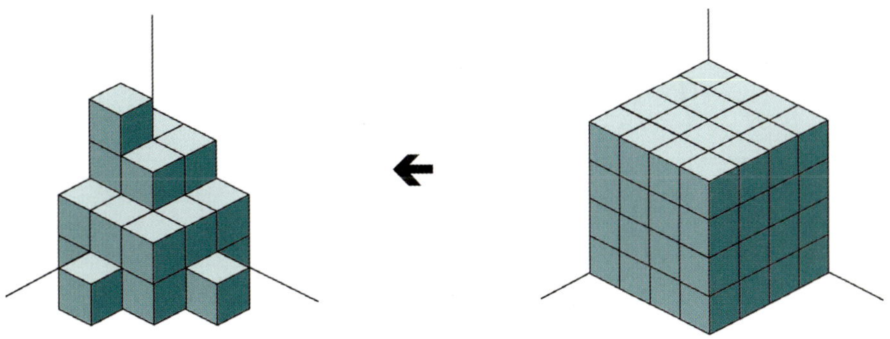

출제자 박우진

39 다음 그림과 같은 직육면체 안에 남는 부분 없이 들어가는 정육면체 중에서 한 모서리의 길이가 가장 큰 정육면체가 모두 몇 개 들어가는지 구하시오.

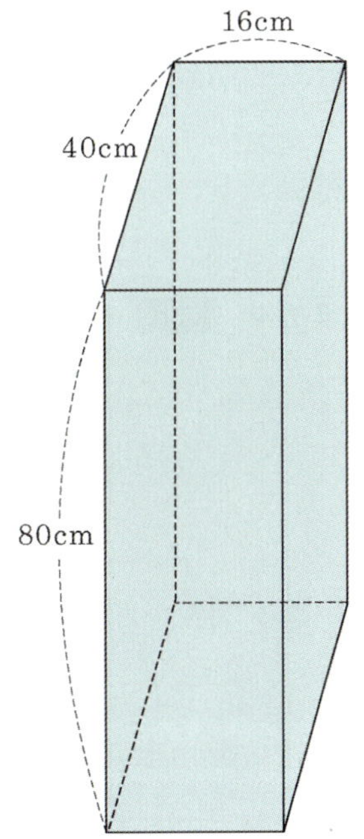

출제자 김홍서

40 ∠㉠과 ∠㉡의 합을 구하시오

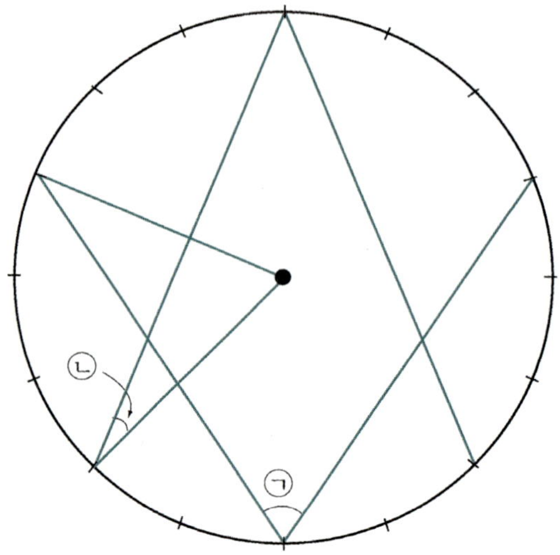

Hint1 다음과 같이 보조선을 그릴 수 있고 반지름의 길이는 모두 같습니다.

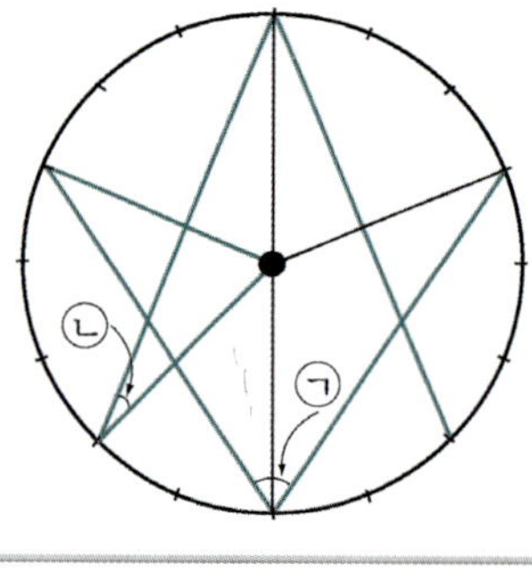

Hint2 다음은 원을 16등분 했으므로 부채꼴 하나의 중심각의 크기는 $360 \div 16 = 22.5^{\circ}$ 입니다.

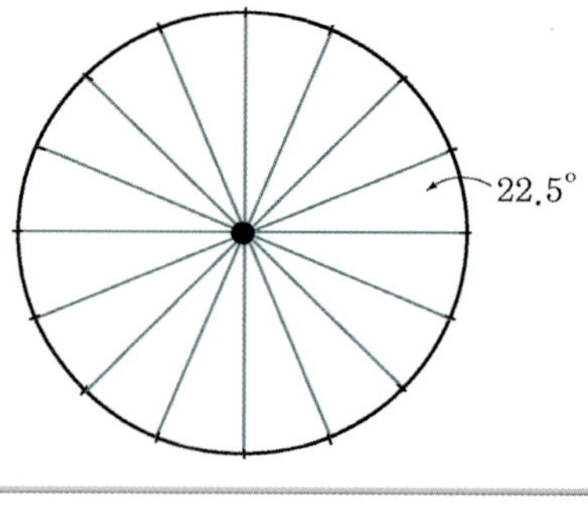

출제자 김홍서

41 다음 두 수열의 합을 구한 후 두 수열의 합의 차를 구하시오.

(1) 1+3+5+7+9+11+13+15+17+19+21+23+25+27+29+31+33+35+37+39=㉠

(2) 6+7+8+9+ …… +109+110+111+112+113+114=㉡

(3) ㉡ − ㉠ =

출제자 이서윤

42 다음의 수표를 보고 가능한 많은 규칙을 찾으시오.

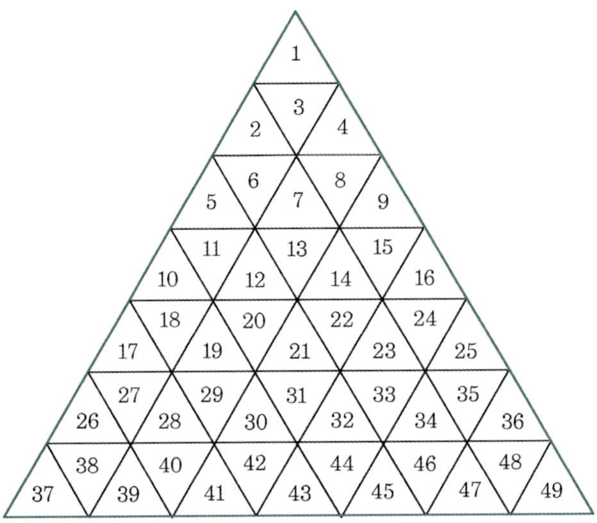

출제자 곽동규

43 다음의 수표에서 나타나는 규칙을 가능한 많이 찾으시오.

1	2	3	4	5	6	7	8	9	10	11	12	13	14	15	16
	17	18	19	20	21	22	23	24	25	26	27	28	29	30	
		31	32	33	34	35	36	37	38	39	40	41	42		
			43	44	45	46	47	48	49	50	51	52			
				53	54	55	56	57	58	59	60				
					61	62	63	64	65	66					
						67	68	69	70						
							71	72							

출제자 강동엽

44 다음과 같은 계단 모양의 그림에서 규칙을 찾아 빈 칸에 알맞은 수를 써 넣으시오.

1						
3	2					
		8				
7		24	48			
11		56			3840	
	22					

출제자 곽근형

45 어떤 제논이란 수학자가 피타고라스 파한테 문제를 냈습니다. 제논의 이론은 물체들이 수많은 점들을 통과해서 지점에 도착한다는 것입니다. 이 이론대로 풀자면 시속 10000000km로 달리는 자동차가 1m를 가는데 걸리는 시간은 몇 분입니까? 또 그 이유는 무엇입니까?

출제자 김명준

46 다음 그림을 보고 표를 완성한 후, n번째 ○의 개수를 구하는 수식을 쓰시오.

(첫번째) (두번째) (세번째)

번째	1	2	3	4	5	……	n
개수						……	

(수식)

출제자 염혜나

47 다음 그림과 같이 점을 찍어 나갈 때 10번째 그림에 쓰인 점의 개수를 구하시오.

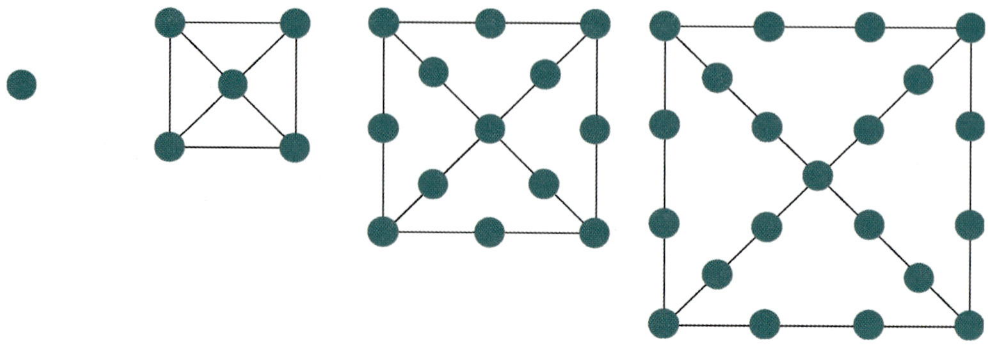

출제자 곽근형

48 계단이 20칸 일 때, 한 번에 한 칸 또는 두 칸을 올라갈 수 있다면 계단 20개를 올라가는 방법은 모두 몇 가지입니까?

출제자 강동엽

49 다음의 그림에서 규칙을 찾아, 빈 칸에 알맞은 색을 칠하시오.

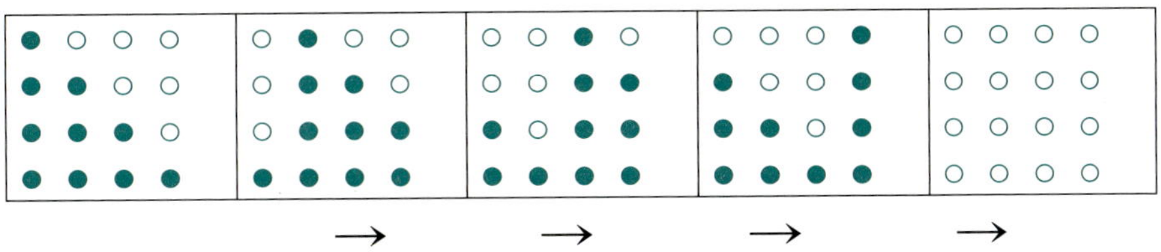

출제자 신효은

50 다음 빈 칸에 알맞은 모양을 그려 넣으시오.

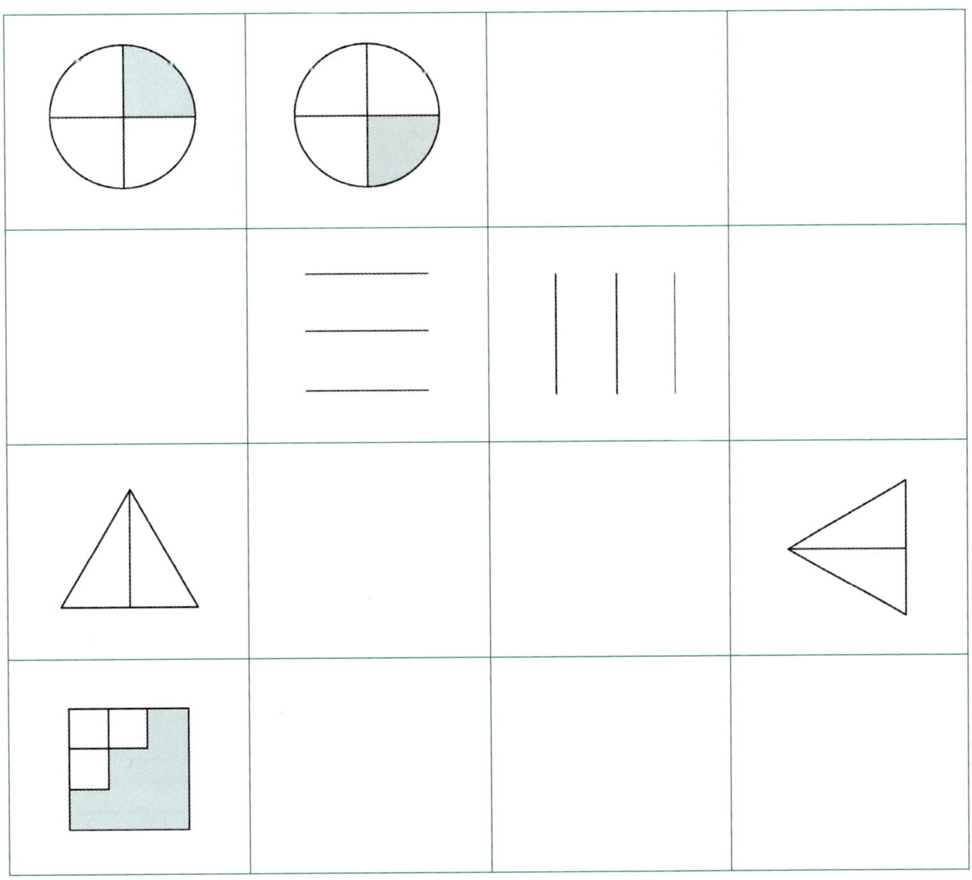

출제자 구경모

51 오른쪽과 왼쪽의 관계가 같을 때 빈칸을 채우시오.

A	B	C	D
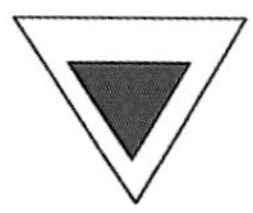			
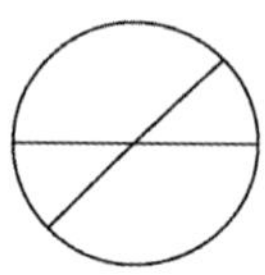	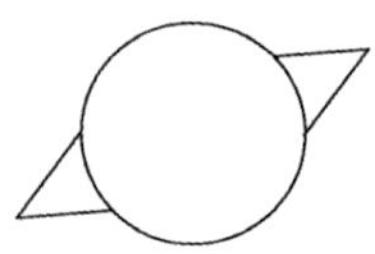	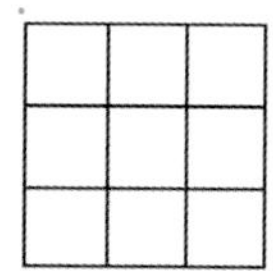	
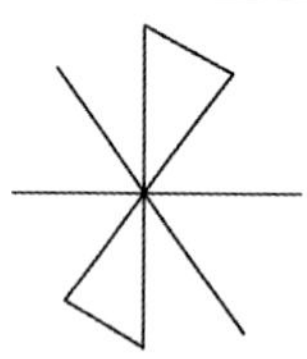	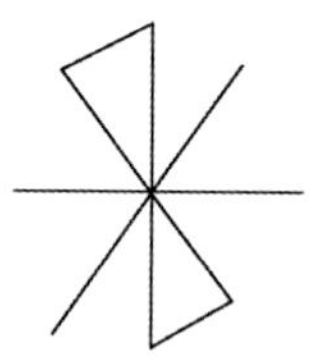	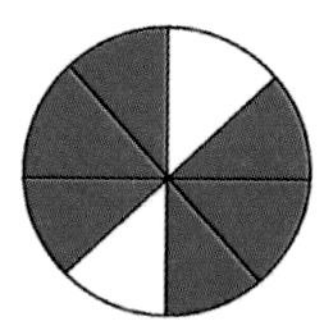	

출제자 이연재

52 연수는 여러 가지 끈으로 다음과 같이 자르고 있습니다. 105번째의 끈의 조각수를 구하시오.

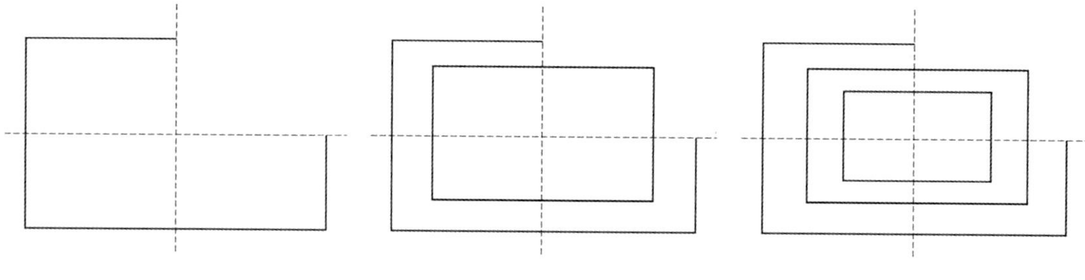

출제자 이민주

53 끈을 다음과 같이 잘랐을 때, 1001번째는 몇 가닥이 되는지 구하시오.

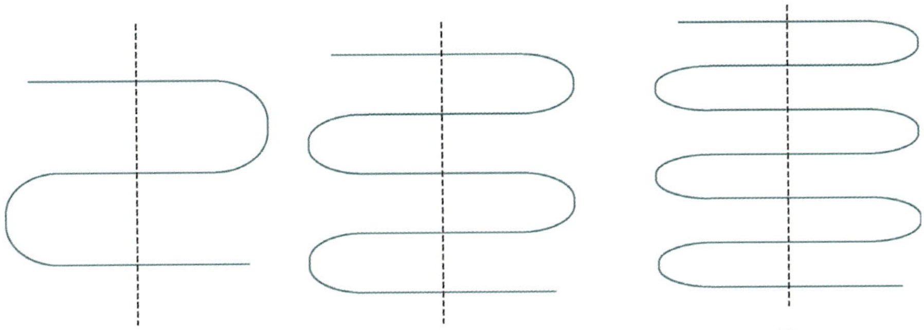

①　　②　　③

출제자 염혜나

54 지수, 서연, 동혁, 성재, 지민의 성과 어머니의 직업을 아래의 조건을 읽고 구하시오.

〈조건〉

(1) 서연이는 김씨이고, 지수는 박씨가 아닙니다.

(2) 지민이의 어머니는 선생님과 판사가 아닙니다.

(3) 동혁이와 성재는 박씨와 이씨가 아닙니다.

(4) 서연이의 어머니는 의사이고 동혁이의 어머니는 선생님입니다.

(5) 성재는 권씨입니다.

(6) 지수와 성재의 어머니는 모두 법조인입니다.

(7) 지수의 어머니는 변호사입니다.

이름 / 성	지수	서연	동혁	성재	지민	선생님	회사원	의사	변호사	판사
김										
박										
이										
서										
권										
선생님										
회사원										
의사										
변호사										
판사										

출제자 이정은

55 보기에는 1부터 4까지의 수 이용한 수 퍼즐이 소개되어 있습니다. 다음 보기와 같이 오른쪽에 있는 수를 이용해서 빈 동그라미 속에 알맞은 수를 채워 보시오.

보기

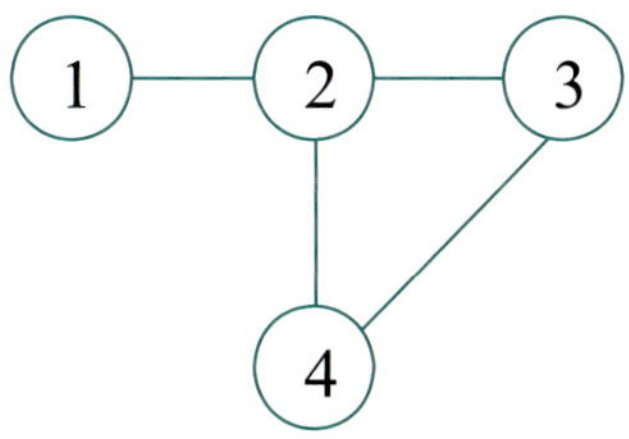

1 ⇒ 2
2 ⇒ 8 (1+3+4)
3 ⇒ 6 (2+4)
4 ⇒ 5 (2+3)

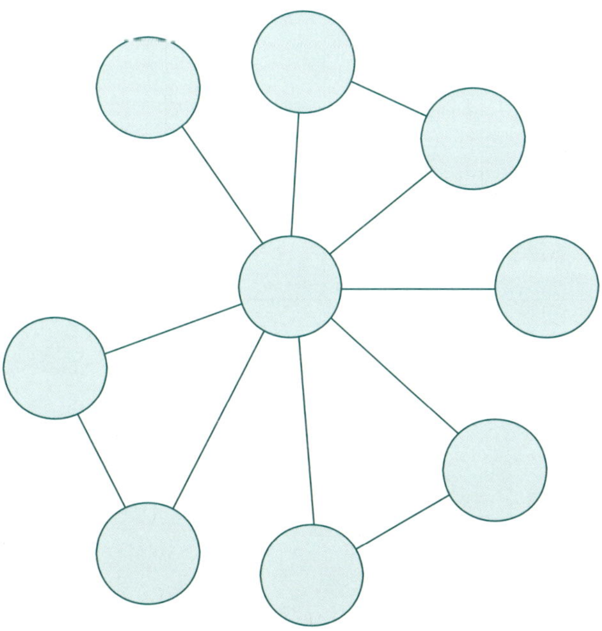

1 ⇒ 10
2 ⇒ 3
3 ⇒ 42
4 ⇒ 12
5 ⇒ 9
6 ⇒ 8
7 ⇒ 4
8 ⇒ 3
9 ⇒ 7

출제자 정선우

56 A에서 G와 C를 거쳐 B까지 갈 때 최단거리의 개수를 구하시오.

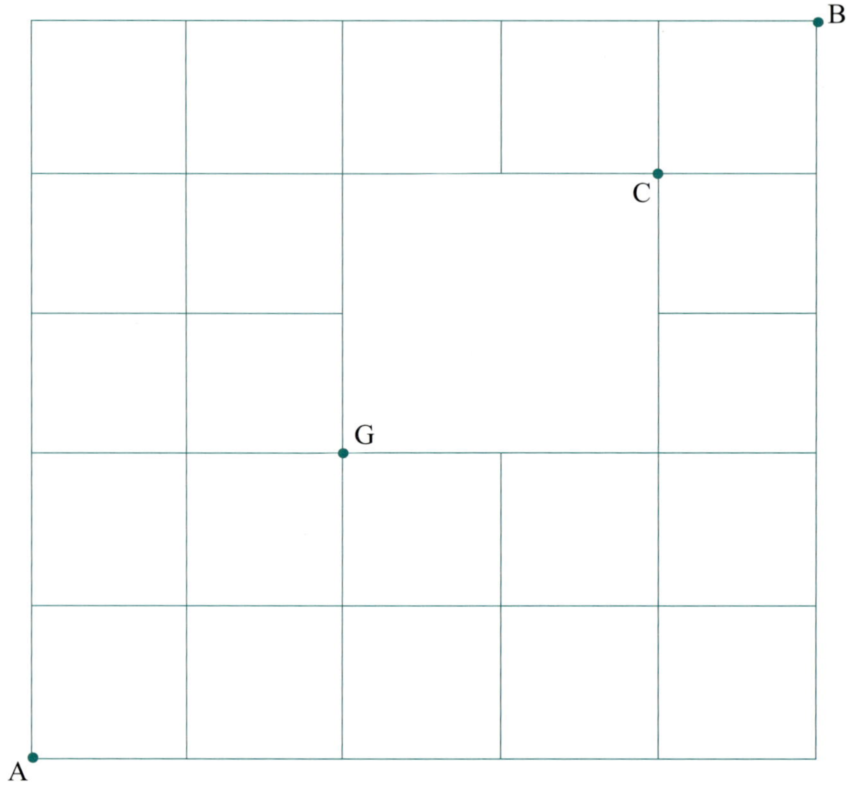

출제자 신효은

57 다음 그림과 같은 길이 있습니다. A에서 B까지 가는 길은 모두 몇 가지입니까?

출제자 정선우

58 A에서 B까지 갈 때 최단거리의 개수를 구하시오.

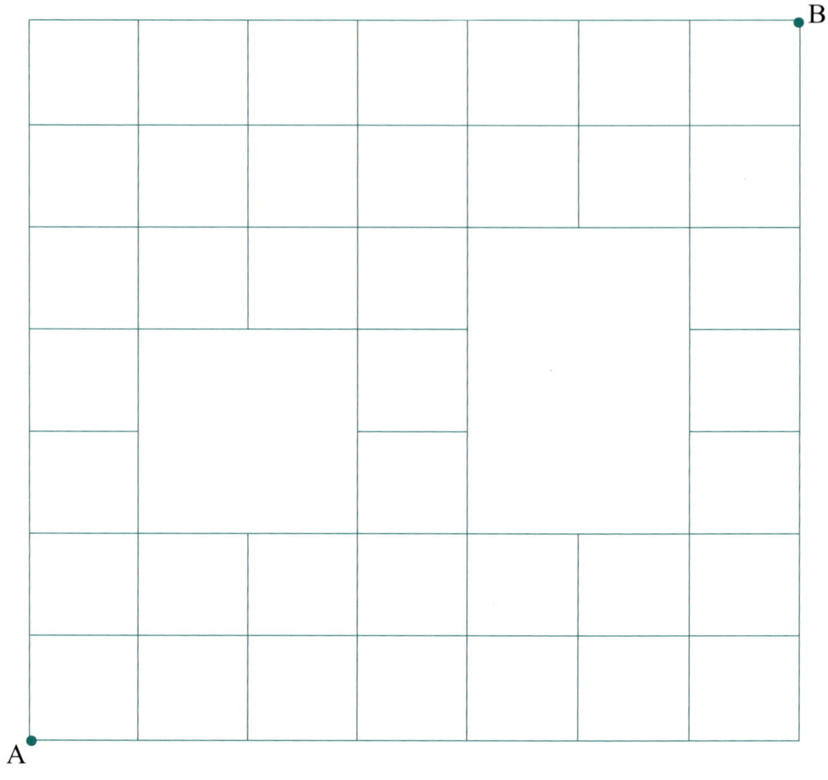

출제자 김홍서

59 A, B, C, D, E, F, G, H, I, J는 아래 그림의 색깔, 모양, 개수 중 어느 하나를 나타내고 있습니다. 아래 그림을 보고 해석란을 완성시킨 후 AJB와 DEF에 해당하는 그림을 그리시오.

규칙
AHD : ▨▨▨
EBJ : ▲▲▲▲▲▲▲
DIF : □□□□□
FAC : ◍◍◍◍◍
JGE : ▲▲
HIC : ◍◍◍
DEG : ■■
ABC : ◍◍◍◍◍◍◍
EJF : ▲▲▲▲▲
IGD : □□

해석
A :
B :
C :
D :
E :
F :
G :
H :
I :
J :

AJB :

DEF :

출제자 이민주

60 끈을 다음과 같이 잘랐을 때, 102번째 조각 수는 얼마가 되는지 구하시오.

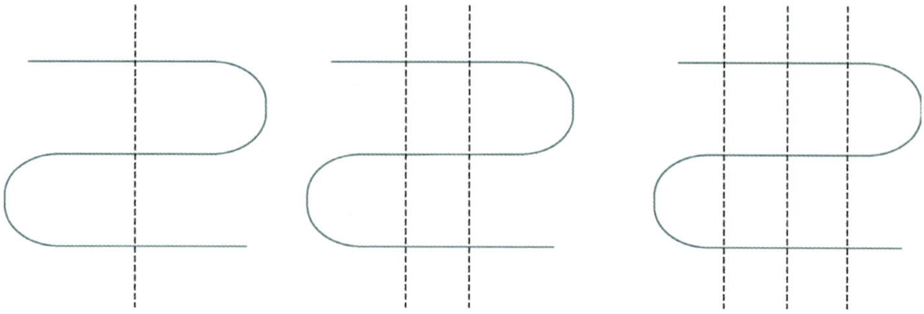

① ② ③

난이도 상 중 하

학생들이 만든 문제

멘토수학 – 나만의 수학문제

난이도 하

나만의 수학문제

출제자 이서윤

01 3부터 23까지 서로 다른 홀수를 사용하여 가로와 세로의 곱이 각각 끝에 주어진 수가 되도록 빈칸에 알맞은 수를 써 넣으시오. (단, 가로와 세로의 각 줄에는 2개의 수만을 사용해야 합니다.)

					15
					143
					323
					147
					135
153	39	399	35	165	

Tip 주어진 수를 3부터 23까지의 서로 다른 홀수의 곱으로 표현한 다음 공통으로 곱해진 수를 찾아 나가면 좀 더 쉽게 해결할 수 있습니다.

Hint $143=11\times 13$, $323=17\times 19$, $147=7\times 21$, $135=9\times 15$, $153=9\times 17$, $399=19\times 21$, $165=11\times 15$

출제자 오성목

02 1부터 20까지의 서로 다른 자연수를 사용하여 가로와 세로의 곱이 각각 끝에 주어진 수가 되도록 빈 칸에 알맞은 수를 써 넣으시오. (단, 가로와 세로의 각 줄에는 2개의 수만을 사용해야 합니다.)

					36
					10
					7
					150
					209
28	30	19	90	55	

Tip 주어진 수를 1부터 20까지의 서로 다른 자연수의 곱으로 표현한 다음 공통으로 곱해진 수를 찾아나가면 좀 더 쉽게 해결할 수 있습니다.

Hint $150 = 10 \times 15$, $209 = 11 \times 19$

출제자 박정준

03 135를 2개, 3개, 5개, 6개의 연속수의 합으로 나타내시오.

135 = □ + □

135 = □ + □ + □

135 = □ + □ + □ + □ + □

135 = □ + □ + □ + □ + □ + □

> **Tip** (연속하는 자연수 홀수개의 합)=(중간수)×(개수),
> (연속하는 자연수 짝수개의 합)=(중간 두 수의 합)×{(개수)÷2}

출제자 오성목

04 297을 2개, 3개, 6개, 9개, 11개의 연속수의 합으로 나타내시오.

297 = □ + □

297 = □ + □ + □

297 = □ + □ + □ + □ + □ + □

297 = □ + □ + □ + □ + □ + □ + □ + □ + □

297 = □ + □ + □ + □ + □ + □ + □ + □ + □
+ □ + □

> **Tip** (연속하는 자연수 홀수개의 합)=(중간수)×(개수),
> (연속하는 자연수 짝수개의 합)=(중간 두 수의 합)×{(개수)÷2}

출제자 박우진

05 175를 2개, 5개, 7개, 10개, 14개의 연속수의 합으로 나타내시오.

$175 = \square + \square$

$175 = \square + \square + \square + \square + \square$

$175 = \square + \square + \square + \square + \square + \square + \square$

$175 = \square + \square + \square + \square + \square + \square + \square$
$+ \square + \square + \square$

$175 = \square + \square + \square + \square + \square + \square + \square$
$+ \square + \square + \square + \square + \square + \square + \square$

Tip (연속하는 자연수 홀수개의 합)$=$(중간수)$\times$(개수),
(연속하는 자연수 짝수개의 합)$=$(중간 두 수의 합)$\times$$\{$(개수)$\div 2\}$

출제자 곽근형

06 75를 2개, 3개, 5개, 6개, 10개의 연속수의 합으로 나타내시오.

75 = □ + □

75 = □ + □ + □

75 = □ + □ + □ + □ + □

75 = □ + □ + □ + □ + □ + □

75 = □ + □ + □ + □ + □ + □
+ □ + □ + □ + □

Tip (연속하는 자연수 홀수개의 합) = (중간수) × (개수),
(연속하는 자연수 짝수개의 합) = (중간 두 수의 합) × {(개수) ÷ 2}

출제자 강동엽

07 일의 자리 숫자가 8인 세 자리 회문수는 모두 몇 개입니까?

① 10개 ② 2개 ③ 5개 ④ 7개 ⑤ 4개

Tip 회문수란 앞에서부터 읽거나 뒤에서부터 읽거나 똑같은 수가 되는 수입니다.

출제자 이다윤

08 1부터 9까지의 짝수를 이용하여 만들 수 있는 세 자리 회문수는 모두 몇 개입니까?

Tip 회문수란 앞에서부터 읽거나 뒤에서부터 읽거나 똑같은 수가 되는 수입니다.

Hint 세 자리 회문수는 ★◇★(단, 같은 문자는 같은 수) 모양입니다.

출제자 이연재

09 1012의 약수의 개수를 소인수분해하여 구하시오.

Hint ($a^l \times b^m \times c^n$의 약수의 개수) $= (l+1) \times (m+1) \times (n+1)$, (단, $a \neq b \neq c$, a, b, c는 소수)
어떤 수의 약수의 개수는 그 수를 소인수분해했을 때 '(지수+1)의 곱'으로 구할 수 있습니다.

출제자 이민주

10 다음의 설명 중 옳은 것은 ○표, 틀린 것은 ×표 하시오.

(1) 1부터 1001까지의 자연수를 모두 더하면 짝수이다. ---- (　　)

(2) 곱셈에서는 짝수가 들어가면 곱(답)은 무조건 홀수이다. - (　　)

(3) (짝수)-(짝수) = (홀수) ------------------------ (　　)

(4) (홀수+홀수)×(홀수+짝수)×(홀수-짝수)+(홀수×짝수) = (짝수) - (　　)

(5) {(1111+1222)×5+(2453+4560)}÷3 = (홀수) ---------- (　　)

출제자 정선우

11 1부터 13까지의 자연수를 한 번씩만 사용하여 각 줄의 합이 같아지도록 수를 써넣으시오.

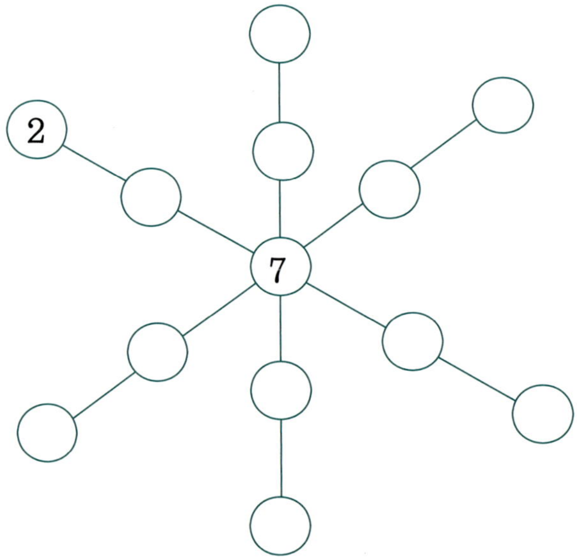

Hint 7을 제외한 나머지 두 수의 합이 같아지는 쌍을 찾으면, (1, 13), (2, 12), (3, 11), (4, 10), (5, 9), (6, 8) 입니다.

출제자 강동엽

12 1부터 9까지의 자연수를 한 번씩만 사용하여 각 줄의 합이 같아지도록 수를 써넣으시오.

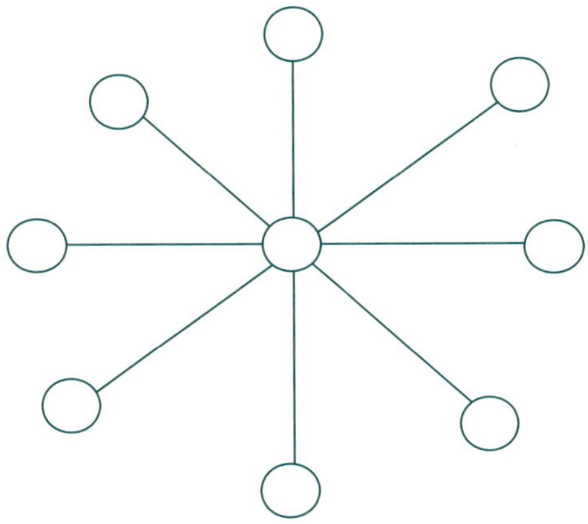

Hint 중앙에 올 수 있는 수는 1, 5, 9입니다.

출제자 강동엽

13 같은 영문자는 같은 수를 나타냅니다. 오른쪽과 아래쪽의 수는 각 행과 열의 합을 나타내는 수입니다. A, B, C, D의 수를 알아내고 빈 칸에 알맞은 수를 써 넣으시오.

A	A	B	B	16
B	C	B	A	51
B	A	C	C	
B	A	B	D	61
14	55		98	

출제자 신효은

14 같은 영문자는 같은 수를 나타냅니다. 오른쪽과 아래쪽의 수는 각 행과 열의 합을 나타내는 수입니다. 빈 칸에 알맞은 수를 써 넣으시오.

A	C	C	A	22
D	B	D	C	24
B	A	C	D	
	18		15	

출제자 이민주

15 아래의 그림처럼 작은 정사각형으로 이루어진 도형에서 ★ 두 개를 모두 포함하고 있는 정사각형은 모두 몇 개인지 구하시오.

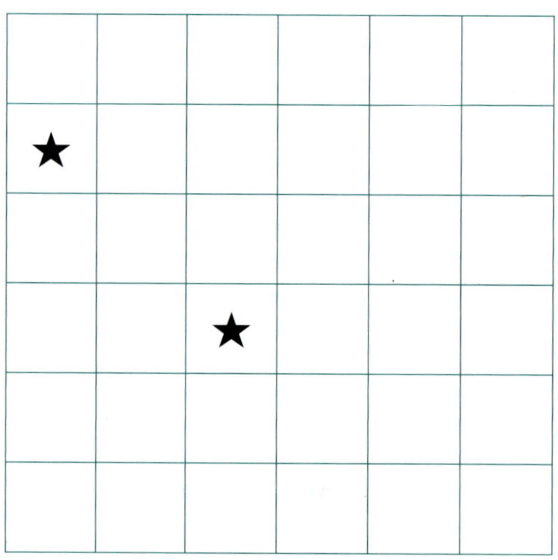

출제자 김명준

16 아래의 그림은 모양과 크기가 같은 정사각형 72개를 이어 붙여 만든 도형입니다. 이 그림을 합동인 도형 12개로 나누시오. (단, 답은 5가지입니다. 그 중 한 가지로만 분할해도 됩니다.)

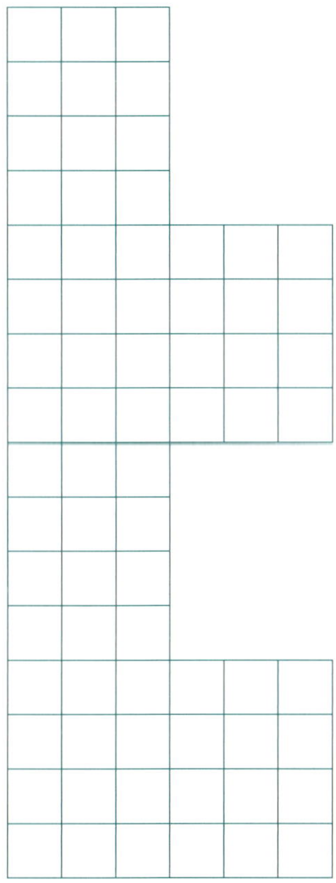

Hint1 정사각형 72개를 합동인 도형 12개로 나누려면 한 도형 당 정사각형이 72 ÷ 12 = 6개로 이루어져야 합니다.

Hint2 주어진 그림은 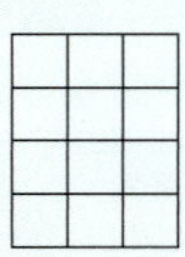 모양이 6개로 이루어진 도형으로 볼 수 있습니다.

출제자 강동엽

17 원뿔을 화살표 방향으로 잘랐을 때, 단면의 모양을 그리시오.

(1) 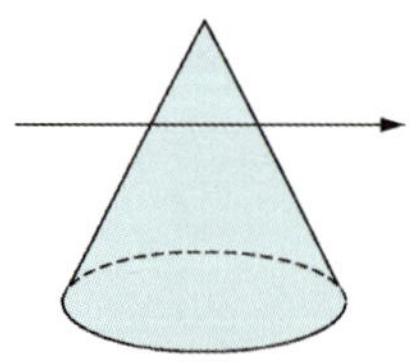 ⟹

(2) 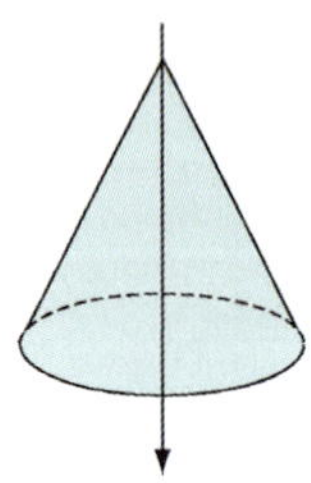 ⟹

(3) 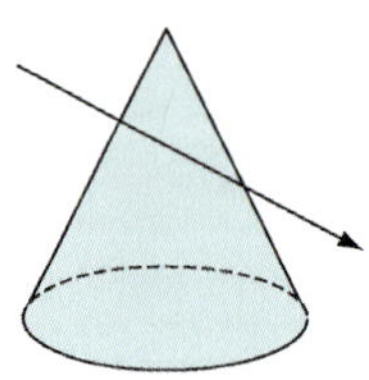 ⟹

(4) 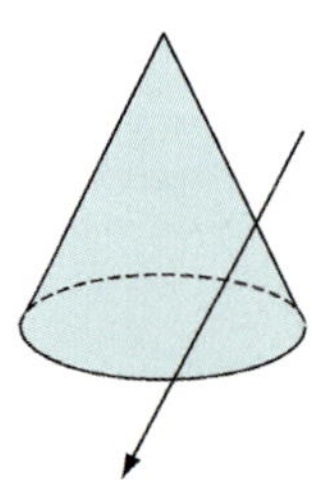 ⟹

출제자 이정은

18 다음 도형의 전개도 중 틀린 것을 고르고, 그 번호에 6을 곱한 값을 구하시오.

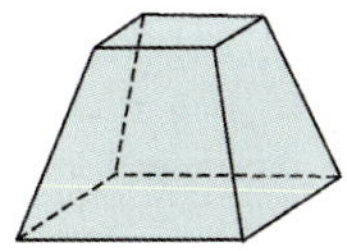

①
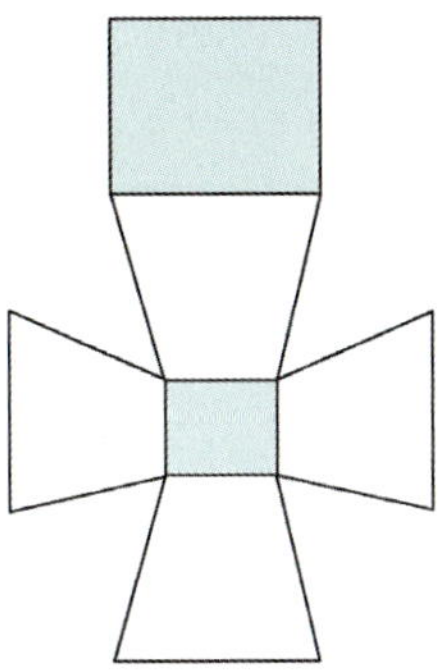

②
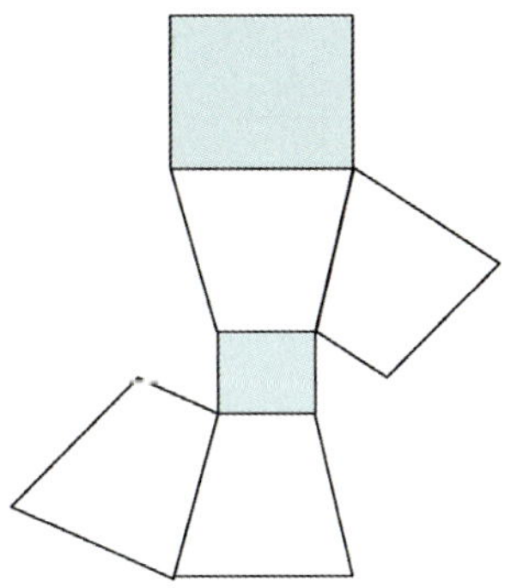

③
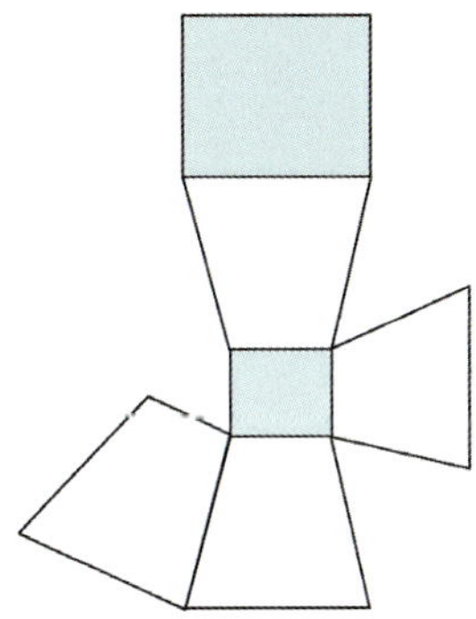

④
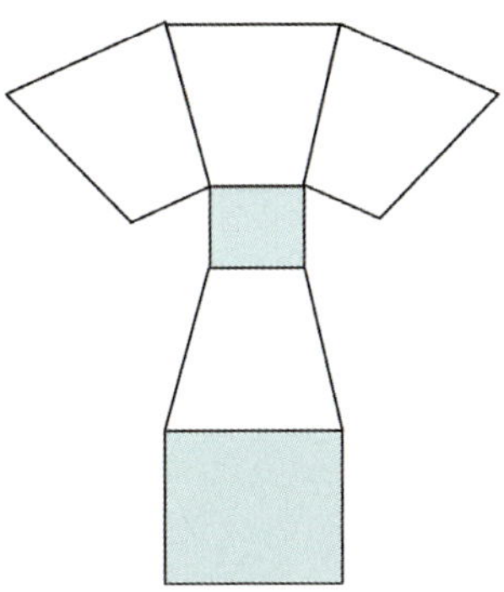

⑤
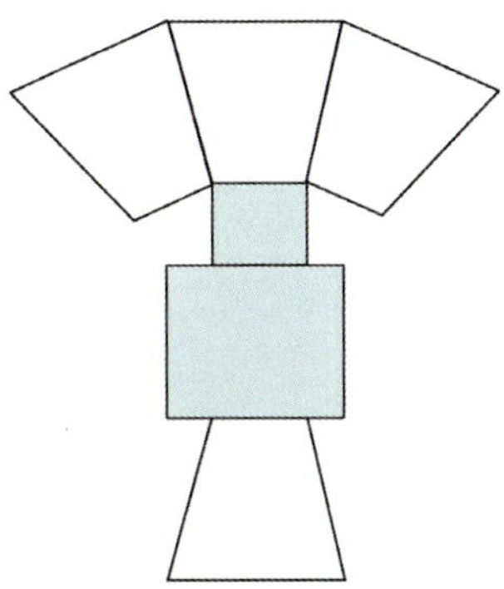

출제자 곽동규

19 아래의 그림에서 막대기 3개를 떼어서 마름모 3개를 만드시오.

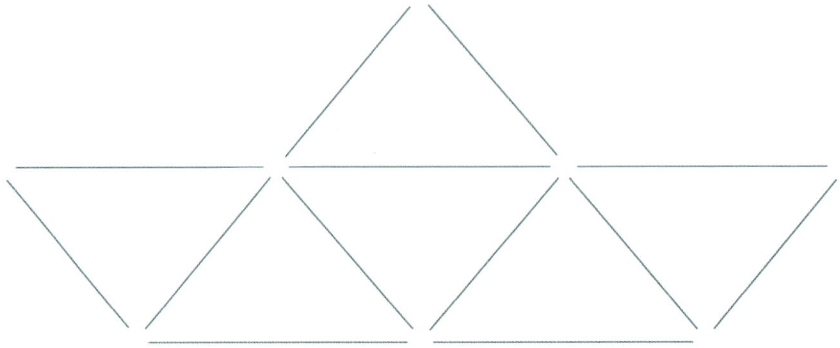

출제자 오성목

20 직사각형 모양의 종이를 다음과 같이 접었습니다. 그리고 그림과 같이 잘라냈습니다. 모두 펼쳤을 때 나타나는 모양을 그리시오.

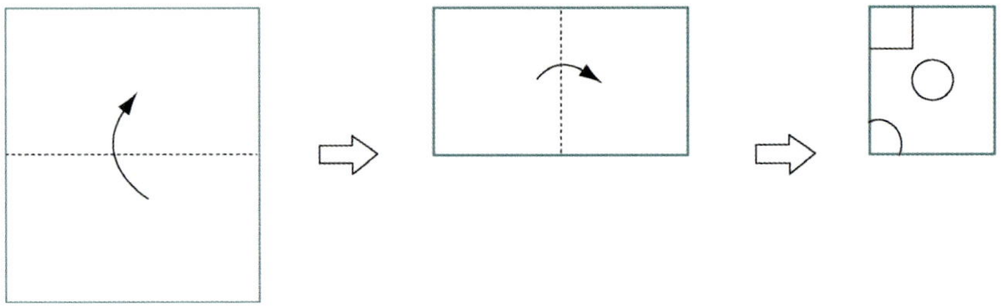

Hint 접은 종이를 펼칠 때 선대칭으로 모양이 옮겨집니다.

출제자 곽동규

21 직사각형 모양의 종이를 다음과 같이 접어서 모양을 따라 가위로 오렸습니다. 다시 펼쳤을 때 나타나는 모양을 그리시오.

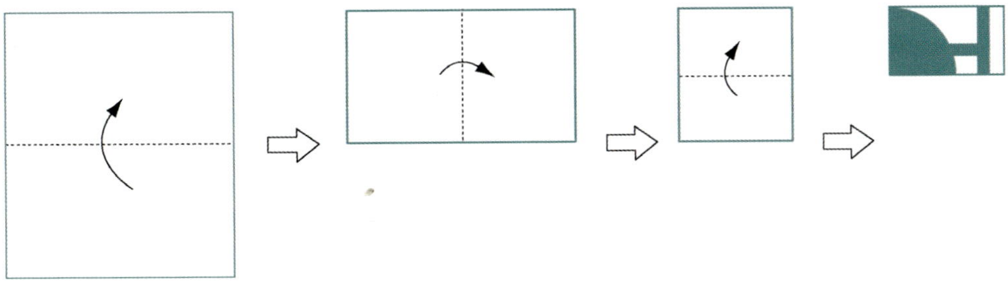

Hint 접은 종이를 펼칠 때 선대칭으로 모양이 옮겨집니다.

출제자 염혜나

22 한 장의 정사각형 모양의 종이를 다음과 같이 접은 후, 색칠한 부분을 오려냈습니다. 다음 물음에 답하시오.

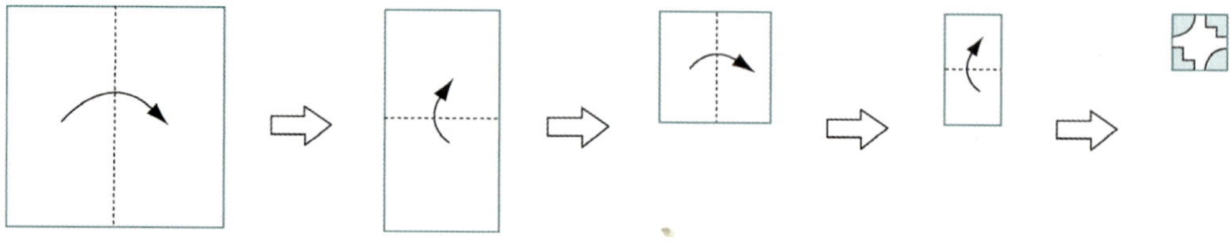

(1) 종이를 펼쳤을 때 나타나는 모양을 그리시오.

(2)  모양은 모두 몇 개입니까?

(3)  모양은 모두 몇 개입니까?

Hint 접은 종이를 펼칠 때 선대칭으로 모양이 옮겨집니다.

출제자 신효은

23 식당에서 어떤 손님이 종업원에게 칼국수, 사이다, 김치, 파전을 시켰습니다. 그런데 이 손님은 성격이 예민해서 칼국수와 사이다가 같이 나오는 것을 싫어합니다. 또한 이 식당의 쟁반은 작아서 두 가지 메뉴까지만 올려놓고 운반해야 하고 쟁반에는 적어도 한 가지 메뉴는 올려놓아야만 합니다. 종업원이 손님에게 주문한 메뉴를 모두 가져다주는 방법을 아래의 표에 나타내시오.

횟수	주방	건너기 (화살표)	식탁	방법
처음	칼국수, 사이다, 김치, 파전			
1				
2				
3				
4				
5				

출제자 박정준

24

정준이는 집에서 학교까지 걸어서 $\frac{1}{2}$을 가고, 자전거로 나머지의 $\frac{1}{2}$을 가고, 또 뛰어서 나머지의 $\frac{1}{2}$을 가고, 그리고 마지막으로 스카이콩콩으로 나머지의 $\frac{1}{2}$을 갔더니 2km가 남았습니다. 정준이 집에서 학교까지의 거리는 몇 km입니까?

Hint 문제를 그림으로 정리해 보면 다음과 같습니다.

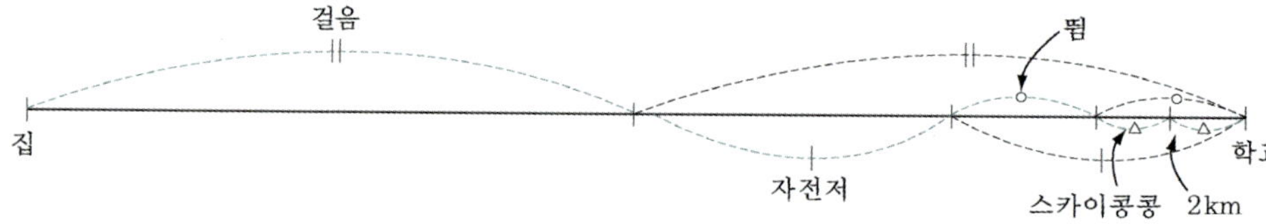

출제자 강동엽

25

24의 약수를 이용하여 1을 서로 다른 단위분수의 합으로 나타내시오.

$$1=\frac{\square}{24}+\frac{\square}{24}+\frac{\square}{24}+\frac{\square}{24}=\frac{1}{\square}+\frac{1}{\square}+\frac{1}{\square}+\frac{1}{\square}$$

Hint 어떤 분수에서 분자가 분모의 약수이면 그 분수는 단위분수로 나타낼 수 있습니다.

출제자 이서윤

26 100원짜리 동전 17개가 있습니다. 이 중에는 가짜 동전 1개만 무겁습니다. 가짜 동전을 찾으려면 양팔저울을 최소한 몇 번 사용해야 합니까?

출제자 이정은

27 다음 물음에 답하시오.

첫째 : 어떤 수를 하나 생각하시오.
둘째 : 자기가 생각한 수에 12를 더하시오.
셋째 : 그 수에 6을 곱하시오.
넷째 : 거기에서 3을 빼시오.
다섯째 : 그것을 다시 3으로 나누시오.
여섯째 : 마지막으로 처음에 자기가 생각한 수의 두 배를 빼시오.

자, 답은 23 맞습니까? 어떤 수를 생각하든 항상 23이 나옵니다.
그 원리를 찾아보시오.

출제자 이서윤

28 한 칸의 길이를 구하고 최대공약수를 구하시오.

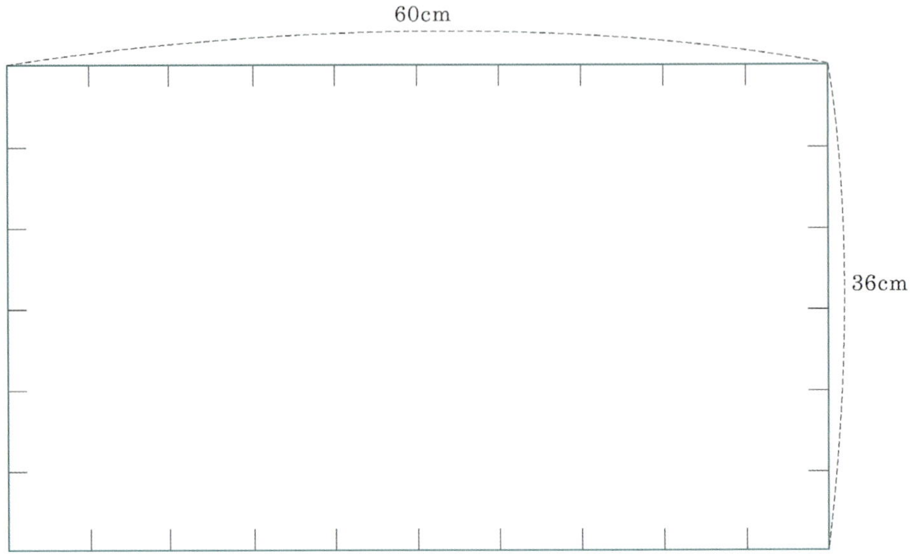

(1) 한 칸의 길이 : (　　　　　) cm

(2) 최대공약수　: (　　　　　)

Hint 정사각형의 성질을 이용하여 최대공약수를 구할 수 있습니다.

출제자 곽동규

29 아래의 그림은 눈금 한 칸이 1cm인 직사각형입니다. 14와 6의 최대공약수를 그림을 그려서 구하시오.

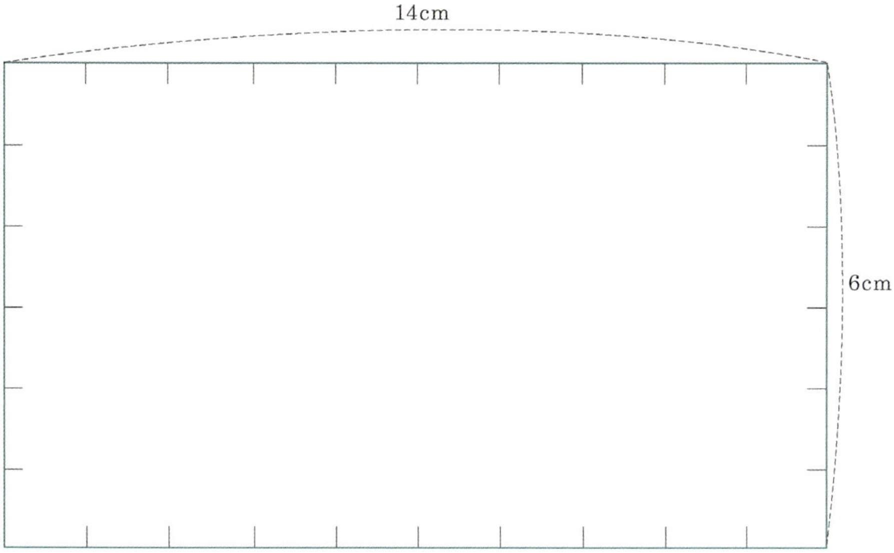

최대공약수 : (　　　　　　)

Hint 직사각형의 성질을 이용하여 최대공약수를 구할 수 있습니다.

출제자 이다윤

30 직선 가와 직선 나가 평행할 때 각 ㉠의 크기를 구하시오.

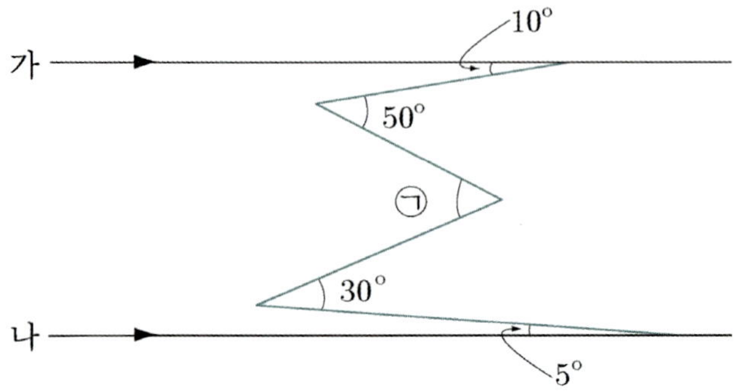

Hint 다음과 같이 직선 가, 나에 평행한 직선 다, 라, 마를 그린 후 평행선의 성질을 이용합니다.

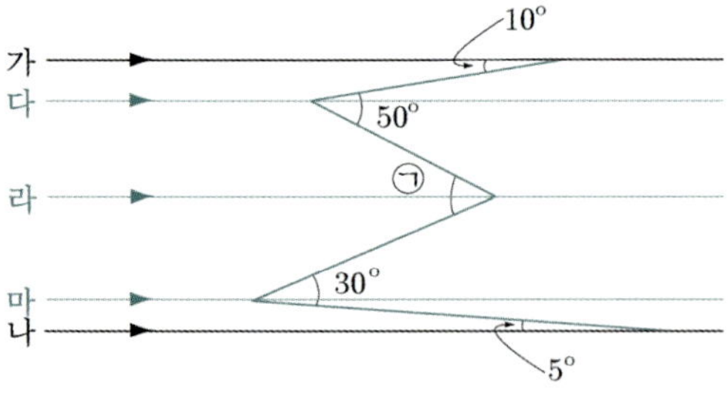

출제자 이연재

31 직선 가와 직선 나가 서로 평행할 때, 각 ⓐ의 크기를 구하시오.

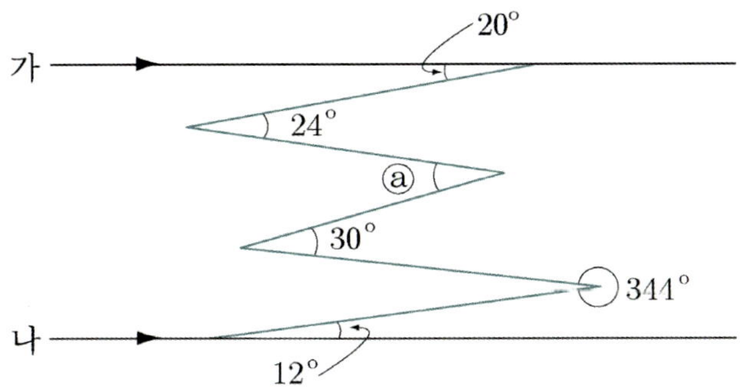

Hint 다음과 같이 직선 가, 나에 평행한 직선 다, 라, 마, 바를 그린 후 평행선의 성질을 이용합니다.

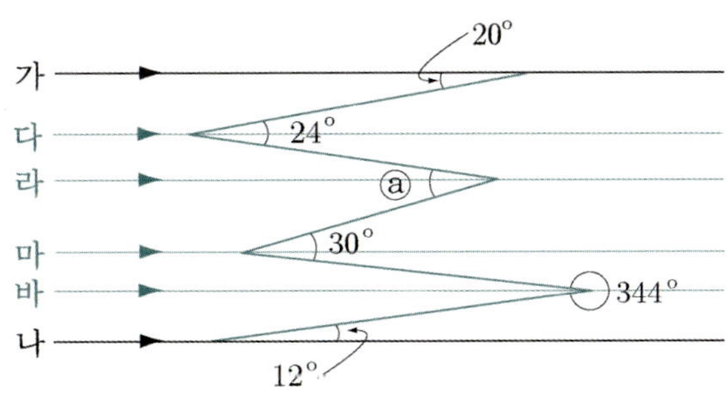

출제자 김다현

32 (1) 다음 문제를 계산하시오.

① $3\times3 = 9$

② $33\times33 = 1089$

③ $333\times333 = 110889$

④ $3333\times3333 =$

⑤ $33333\times33333 =$

⑥ $333333\times333333 =$

⑦ $3333333\times3333333 =$

⑧ $33333333\times33333333 =$

⑨ $333333333\times333333333 =$

(2) 어떤 규칙인지 찾아 쓰시오.

출제자 이민주, 김명준, 염혜나

33 어떤 규칙이 있는지 최대한 많이 찾아보시오.

×	1	2	3	4	5	6	7	8
1	1	2	3	4	5	6	7	8
2	2	4	6	8	10	12	14	16
3	3	6	9	12	15	18	21	24
4	4	8	12	16	20	24	28	32
5	5	10	15	20	25	30	35	40
6	6	12	18	24	30	36	42	48
7	7	14	21	28	35	42	49	56
8	8	16	24	32	40	48	56	64
9	9	18	27	36	45	54	63	72
10	10	20	30	40	50	60	70	80

출제자 곽근형

34 아래의 덧셈표에서 나타나는 규칙을 찾으시오.

+	1	2	3	4	5	6	7	8	9	10
1	2	3	4	5	6	7	8	9	10	11
2	3	4	5	6	7	8	9	10	11	12
3	4	5	6	7	8	9	10	11	12	13
4	5	6	7	8	9	10	11	12	13	14
5	6	7	8	9	10	11	12	13	14	15
6	7	8	9	10	11	12	13	14	15	16
7	8	9	10	11	12	13	14	15	16	17
8	9	10	11	12	13	14	15	16	17	18
9	10	11	12	13	14	15	16	17	18	19
10	11	12	13	14	15	16	17	18	19	20

출제자 박우진

35 9856 × 79를 중국의 문씨가 발명한 창살방법으로 계산한 후, 인도의 곱셈방법으로 검산하시오.

(1)

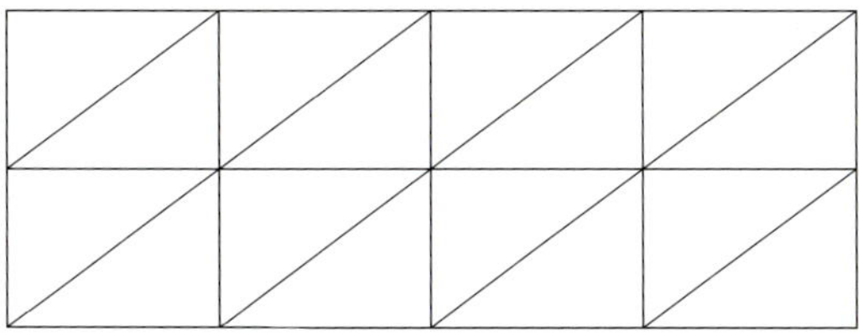

(2)

$$\begin{array}{r} 9\ 8\ 5\ 6 \\ \times \quad\quad 7\ 9 \\ \hline \end{array}$$

출제자 신효은

36 325×65를 중국의 모씨가 발명한 창살 셈법으로 계산하시오. 그리고 우리가 사용하고 있는 곱셈으로 검산하시오.

(1)

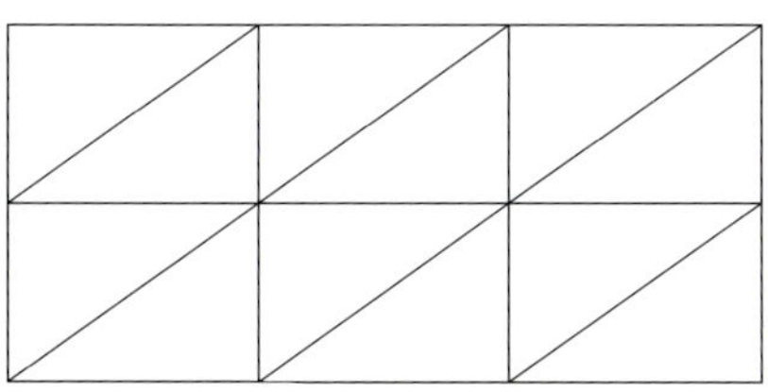

(2)

$$\begin{array}{r} 3\ 2\ 5 \\ \times \quad 6\ 5 \\ \hline \end{array}$$

출제자 구경모

37 바둑돌이 다음과 같이 늘어날 때 15번째 바둑돌의 개수를 구하시오.

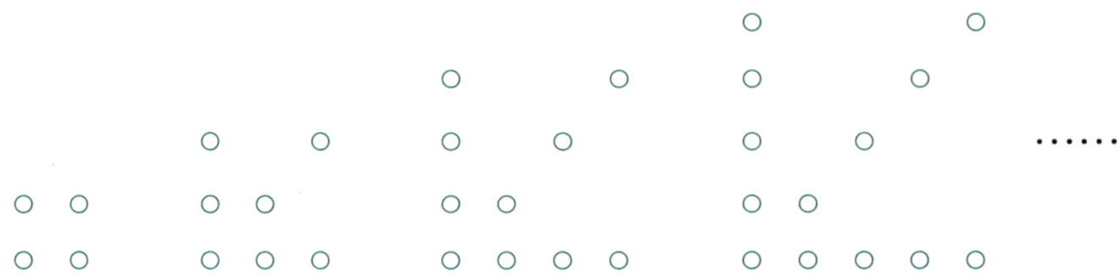

1 2 3 4

출제자 김홍서

38 다음 그림에서 한 변이 성냥개비 1개, 2개, 3개로 이루어진 정삼각형의 개수를 모두 구하시오.

(1)  → (   ) 개

(2)  → (   ) 개

(3) 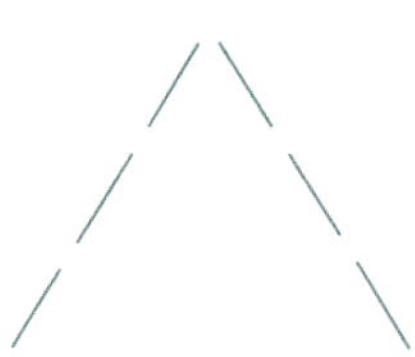 → (   ) 개

출제자 염혜나

39 다음 그림은 막대기로 정육각형 모양을 만든 것입니다. 막대기 160개로 최대 몇 번째 모양까지 만들 수 있는지 구하시오.

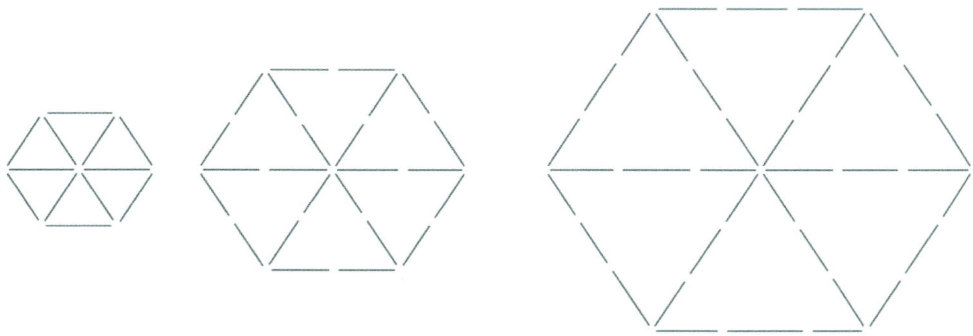

출제자 곽근형

40 다음 규칙으로 100번째 놓일 수들의 합을 구하시오

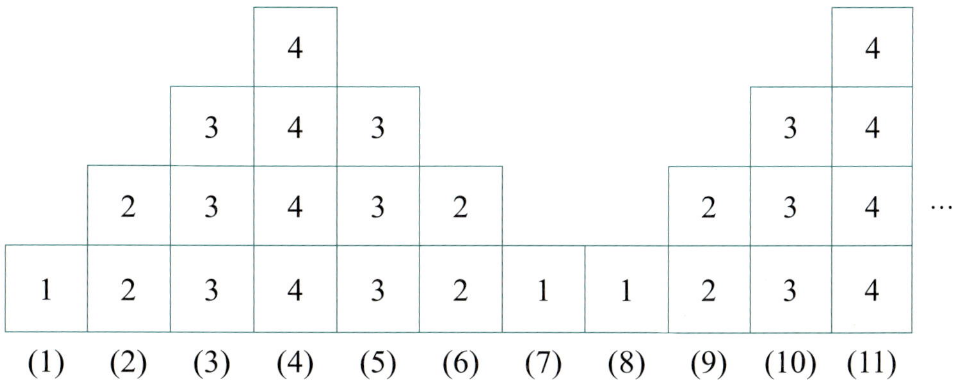

출제자 강동엽

41 다음 그림에서 (가) 도형과 (나) 도형의 관계는 (다) 도형과 (라) 도형의 관계와 같습니다. 빈칸에 알맞은 도형을 그리시오.

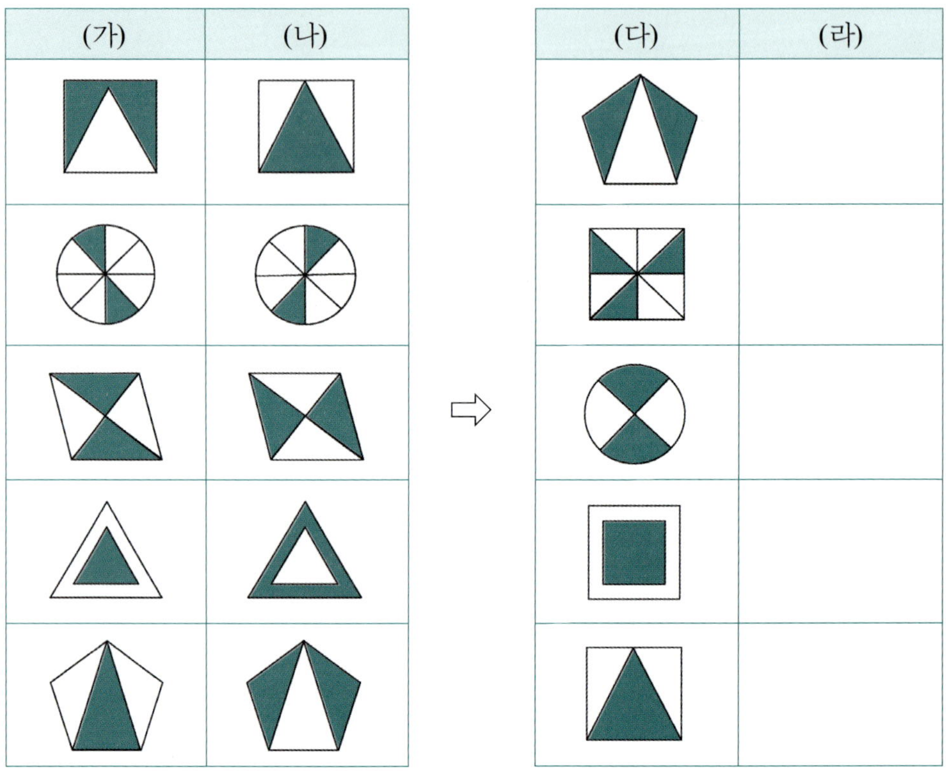

출제자 이연재

42 다음 그림에서 (가) 도형과 (나) 도형의 관계는 (다) 도형과 (라) 도형의 관계와 같습니다. 빈칸에 알맞은 도형을 그리시오.

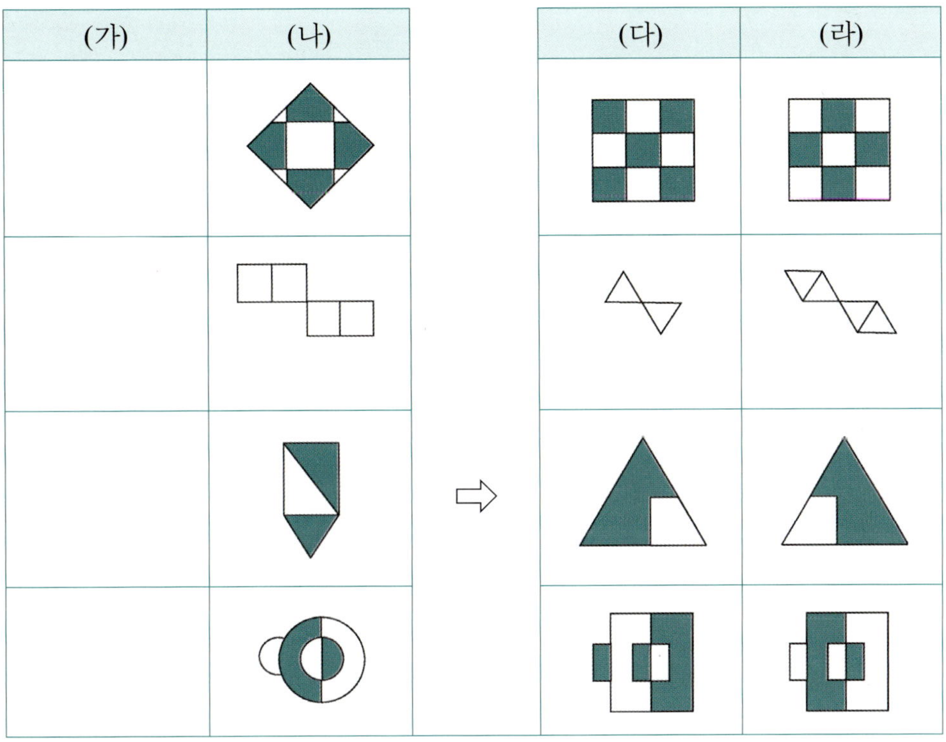

출제자 김명준

43 좌우상하의 규칙을 살펴보고 빈 칸에 알맞은 그림을 그려 넣으시오.

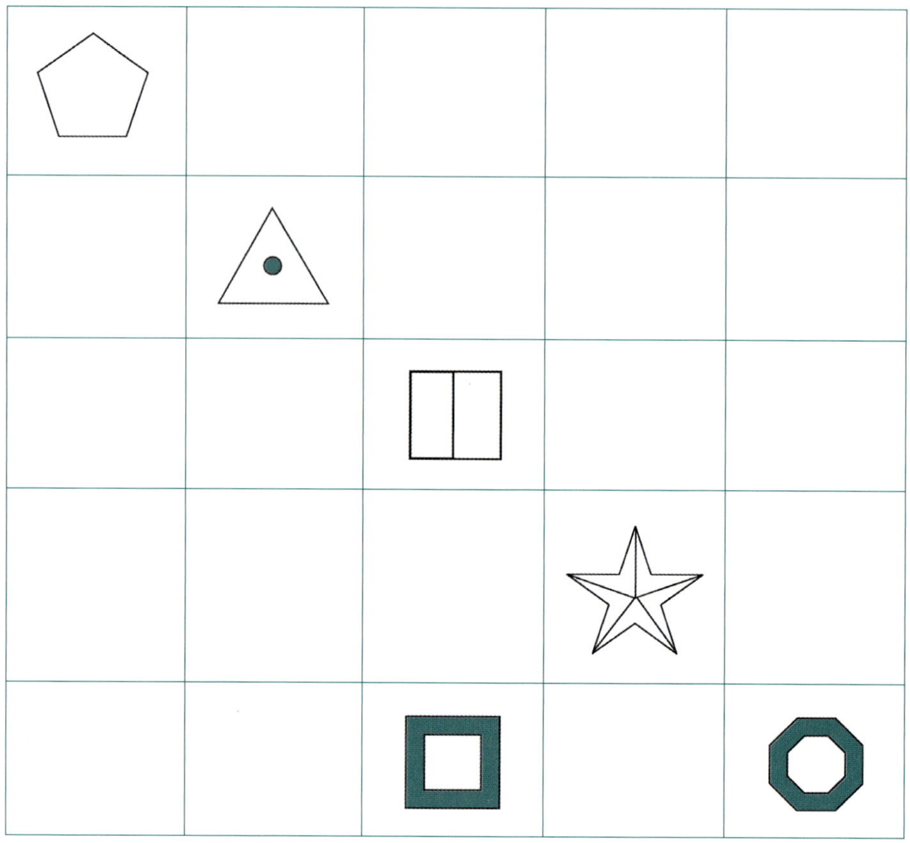

출제자 구경모

44 상원, 효은, 동혁의 성은 각각 박, 지, 김이고, 국적은 각각 일본, 한국, 중국입니다. 아래의 조건을 바탕으로 상원, 효은, 동혁이의 성과 국적을 구하시오.

〈조건〉
(1) 상원이는 박씨가 아니다.
(2) 효은이의 친구 성은 박씨이다.
(3) 지씨의 친구는 효은이다.
(4) 지씨의 국적은 한국이 아니다.
(5) 동혁이는 일본인인 지씨를 만났다.
(6) 한국 사람의 성은 김씨이다.

성 \ 이름	상원	효은	동혁	일본	한국	중국
박						
지						
김						
일본						
한국						
중국						

출제자 신효은

45 정혜, 성진, 서연, 수재의 성은 각각 윤, 정, 한, 김입니다. 그리고 좋아하는 운동은 각각 피구, 축구, 야구, 농구 가운데 하나입니다. 다음 조건을 보고 이들 네 사람의 성과 좋아하는 운동을 구하시오.

〈조건〉
(1) 정혜는 성이 윤이 아니다.
(2) 서연이는 피구를 좋아하지 않는다.
(3) 수재는 야구를 할 줄 모른다.
(4) 성진은 농구에 빠지지 않는다.
(5) 수재는 친구 한씨와 친하다.
(6) 서연이는 축구를 좋아한다.
(7) 수재의 성은 정씨이다.
(8) 정혜는 친구 김씨를 보고 싶어한다.
(9) 농구를 좋아하는 사람은 윤씨이다.

성 \ 이름	정혜	성진	서연	수재	피구	축구	야구	농구
윤								
정								
한								
김								
피구								
축구								
야구								
농구								

출제자 오성목

46 보기에는 1부터 4까지의 수를 이용한 수 퍼즐이 소개되어 있습니다. 다음 보기와 같이 오른쪽에 있는 수를 이용해서 빈 동그라미 속에 알맞은 수를 채워 보시오.

보기

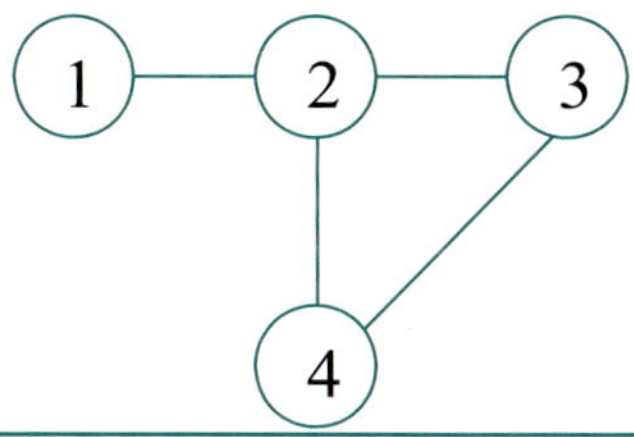

1 ⇒ 2

2 ⇒ 8 (1+3+4)

3 ⇒ 6 (2+4)

4 ⇒ 5 (2+3)

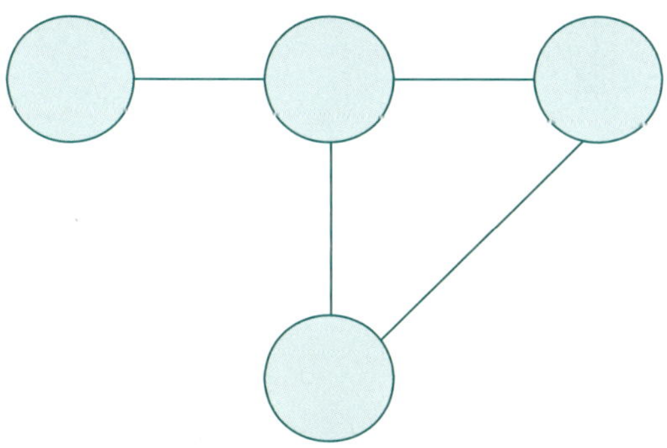

1 ⇒ 5

2 ⇒ 4

3 ⇒ 7

4 ⇒ 3

출제자 구경모

47 아래의 그림에서 X에서 F와 N과 P를 거쳐 Y까지 가는 길은 몇 가지입니까?

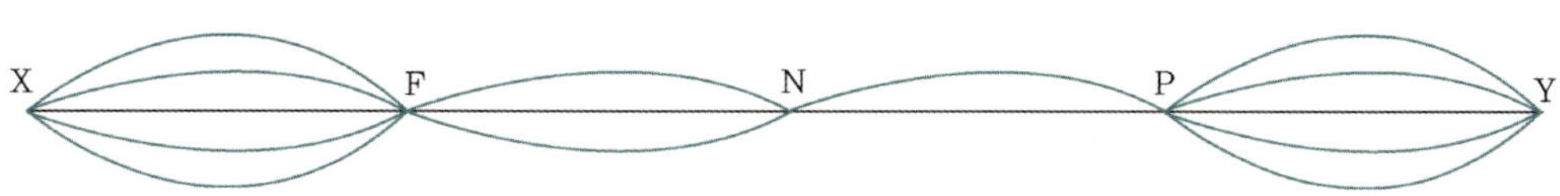

출제자 김다현

48 다음 중 한 붓그리기가 가능한지 알아보고 가능한 것은 오일러 순환길인지, 오일러 길인지 구하시오.

① 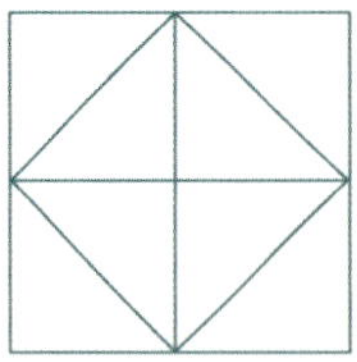
② 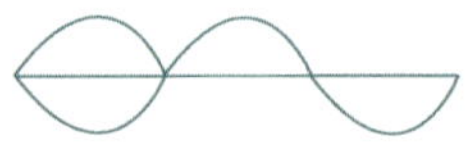
③ 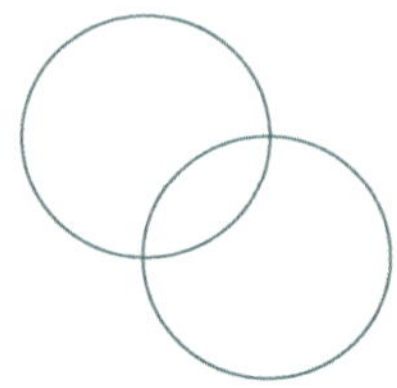
④ 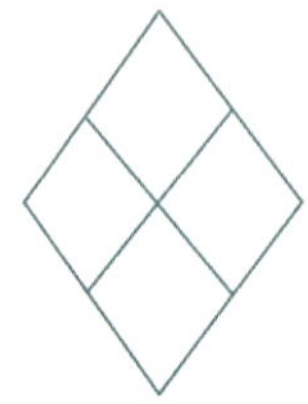
⑤ 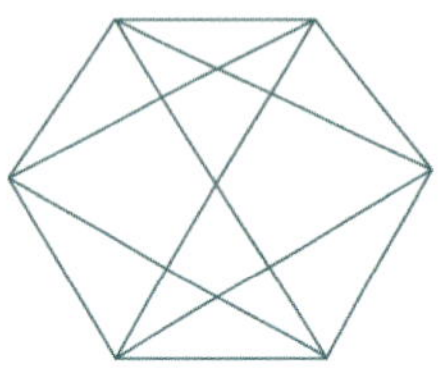
⑥ 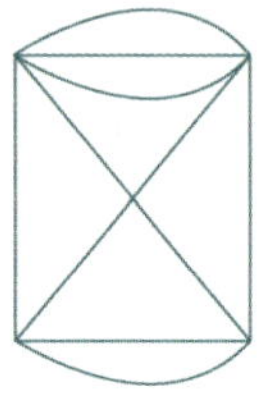
⑦ 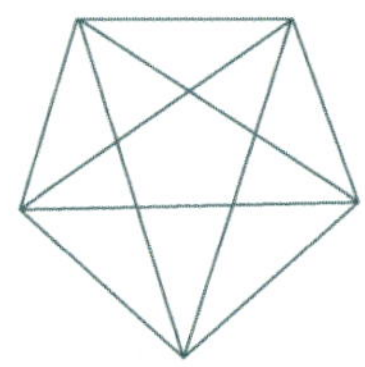
⑧ 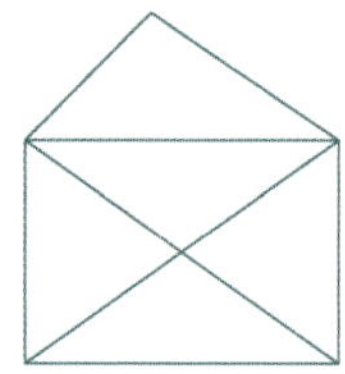
⑨ 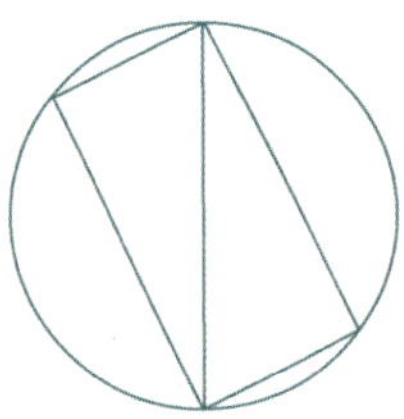
⑩ 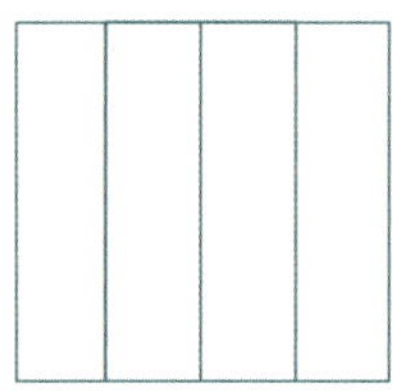

(1) 한 붓 그리기가 가능한 것 :

(2) 오일러길 :

(3) 오일러 순환길 :

Tip 오일러길 : 한 붓 그리기가 가능하면서 출발점과 도착점이 다른 길
오일러 순환길 : 한 붓 그리기가 가능하면서 출발점과 도착점이 같은 길

출제자 오성목

49 다음 중 한 붓그리기가 가능한지 알아보고 가능한 것은 오일러 순환길인지, 오일러 길인지 구하시오.

①
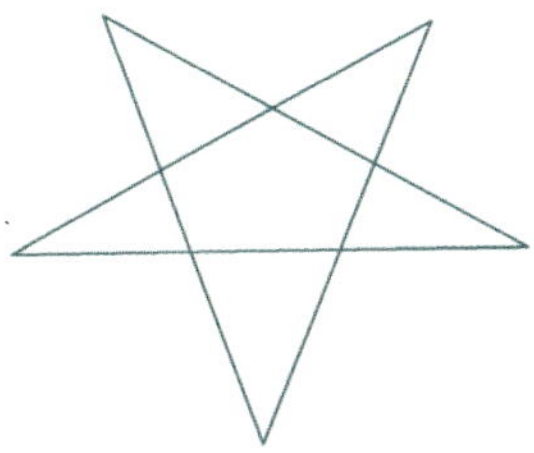

②

③
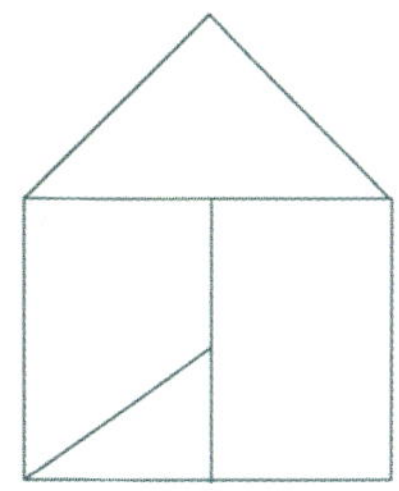

④
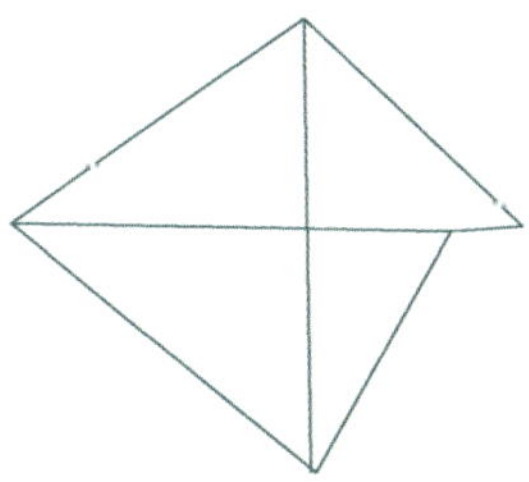

⑤
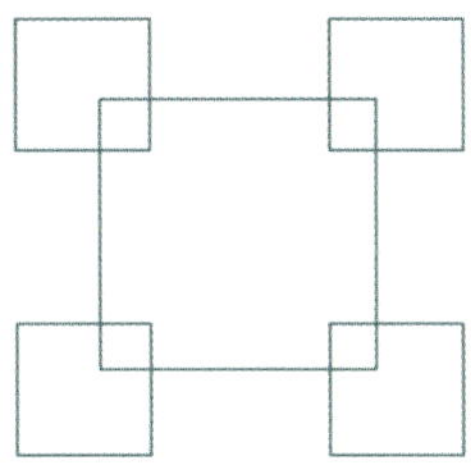

⑥
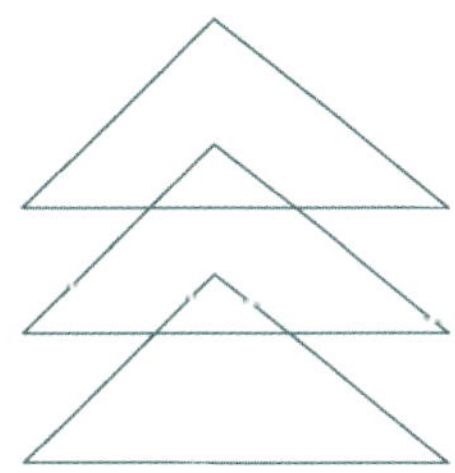

⑦
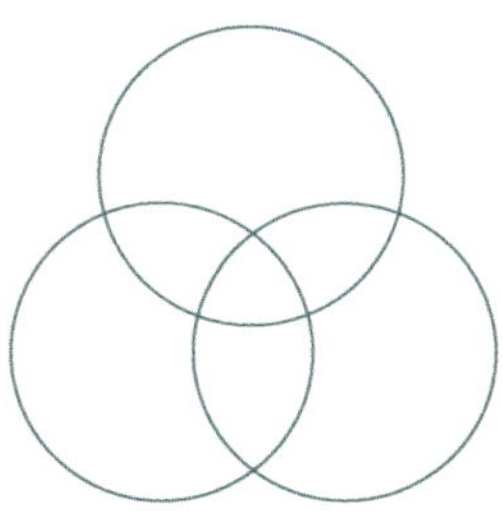

⑧
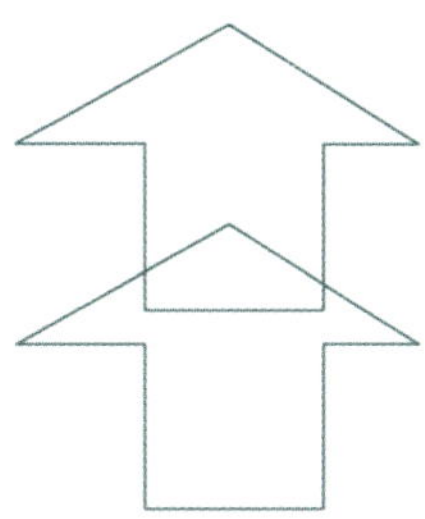

⑨
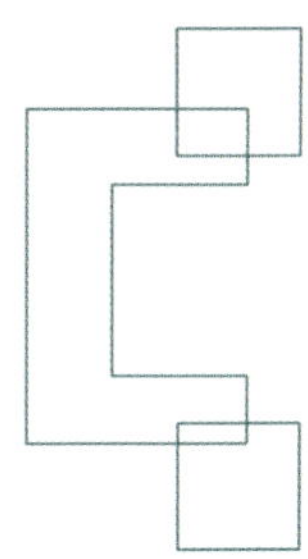

(1) 한붓그리기가 가능한 것 :

(2) 오일러길 :

(3) 오일러 순환길 :

Tip 오일러길 : 한 붓 그리기가 가능하면서 출발점과 도착점이 다른 길
오일러 순환길 : 한 붓 그리기가 가능하면서 출발점과 도착점이 같은 길

출제자 정선우

50 해석란에 알맞은 말이나 그림을 그리고, 다음 물음에 답하시오.

규칙
ABF : ■■■
CEH : ☆☆☆☆
ABH : ★★★
CBF : ■■■■
BDG : ●●
DEF : □□
DEG : ○○
AEF : □□□

해석
A :
B :
C :
D :
E :
F :
G :
H :

BCH :

출제자 오성목

51 다음은 직육면체의 전개도입니다. 다음 전개도를 접었을 때의 모서리의 합을 구하시오.

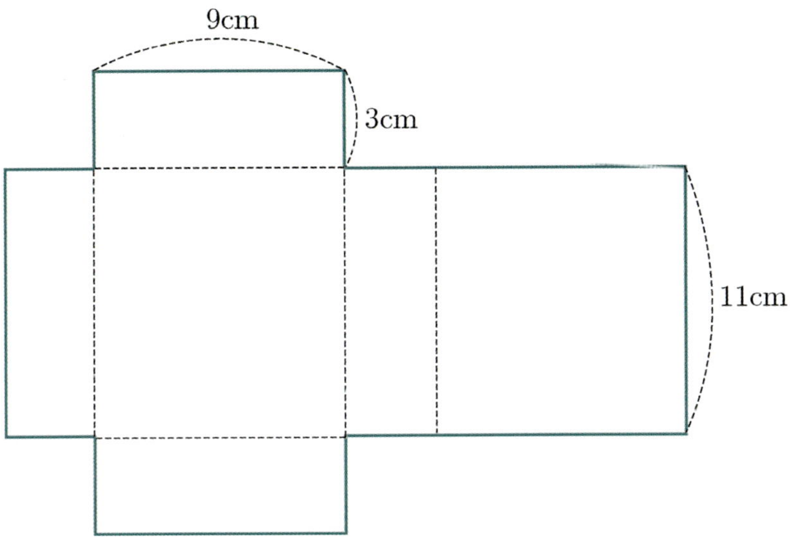

출제자 이다윤

52 다음 직선 가와 직선 나와 직선 다와 직선 라와 직선 마는 모두 평행합니다. 다음 물음에 답하시오.

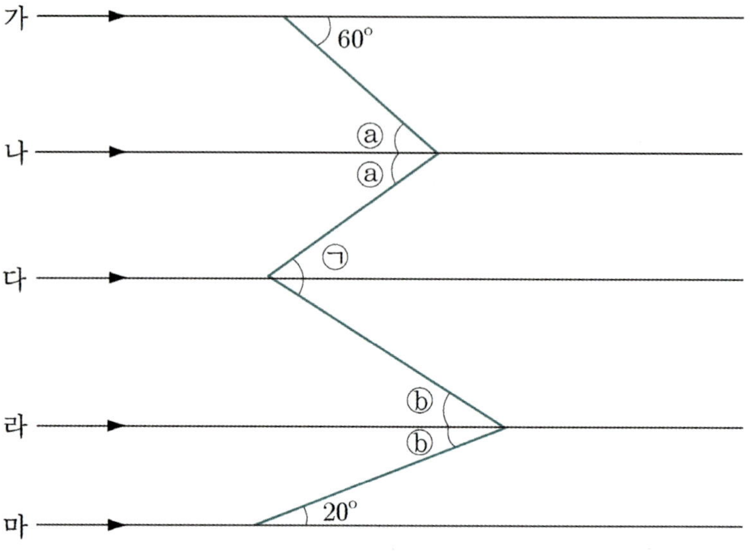

(1) 각 ⓐ는 몇 도입니까?

(2) 각 ⓑ는 몇 도 입니까?

(3) 각 ㉠의 크기는 몇 도입니까?

출제자 오성목

53 다음의 그림과 같이 두 직선 가와 나는 서로 평행하고, 직선 가와 나 사이의 세 개의 직선도 평행합니다. 각㉠, 각㉡, 각㉢의 크기를 구하시오.

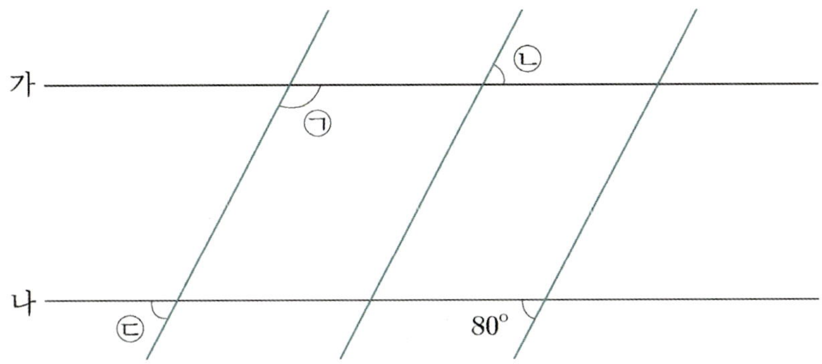

출제자 신효은

54 1부터 23까지의 9를 제외한 10개의 홀수를 이용하여 가로와 세로의 곱이 각각 끝에 주어진 수가 되도록 빈 칸에 알맞은 수를 써 넣으시오.
(단, 가로와 세로의 각 줄에는 2개의 수만을 사용해야 합니다.)

					11
					399
					65
					255
					21
357	95	3	195	77	

Tip 주어진 수를 1부터 23까지의 서로 다른 홀수의 곱으로 표현한 다음 공통으로 곱해진 수를 찾아 나가면 좀 더 쉽게 해결할 수 있습니다.

Hint $399 = 19 \times 21$, $255 = 15 \times 17$, $357 = 17 \times 21$, $195 = 13 \times 15$

출제자 이연재

55 A, B, C, D, E, F, G, H, I는 아래 그림의 색깔, 모양, 개수 중 어느 하나를 나타내고 있습니다. 아래 그림을 보고 해석란을 완성시킨 후 BDG에 해당하는 그림을 그리시오.

규칙
AEH : ▲▲
BDF : ▨▨▨
EFH : 
EGI : △
CGH : ○○
ADI : ■
BCG : ○○○
ACI : ●

해석
A :
B :
C :
D :
E :
F :
G :
H :
I :

BDG :

출제자 김홍서

56 1부터 9까지 적힌 숫자 카드가 여러 장 있습니다. 이 숫자 카드들 중에서 소수만을 이용하여 만들 수 있는 세 자리의 회문수는 모두 몇 개입니까?

Tip 1	1부터 9까지의 수 중 소수는 2, 3, 5, 7입니다.
Tip 2	회문수란 앞에서부터 읽거나 뒤에서부터 읽거나 똑같은 수가 되는 수입니다.
Hint	세 자리 회문수는 ★◇★(단, 같은 문자는 같은 수) 모양입니다.

출제자 김홍서

57 아래의 그림처럼 □가 증가할 때, 100번째 □의 개수를 구하시오.

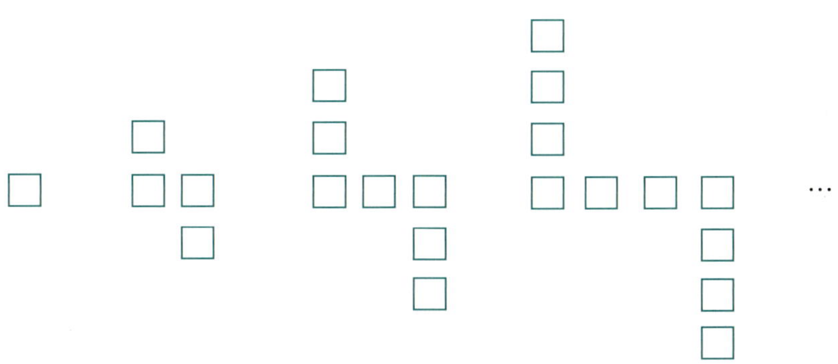

(1) (2) (3) (4) …

출제자 강동엽

58 규칙을 찾고 빈 칸 안에 알맞은 그림을 그리시오.

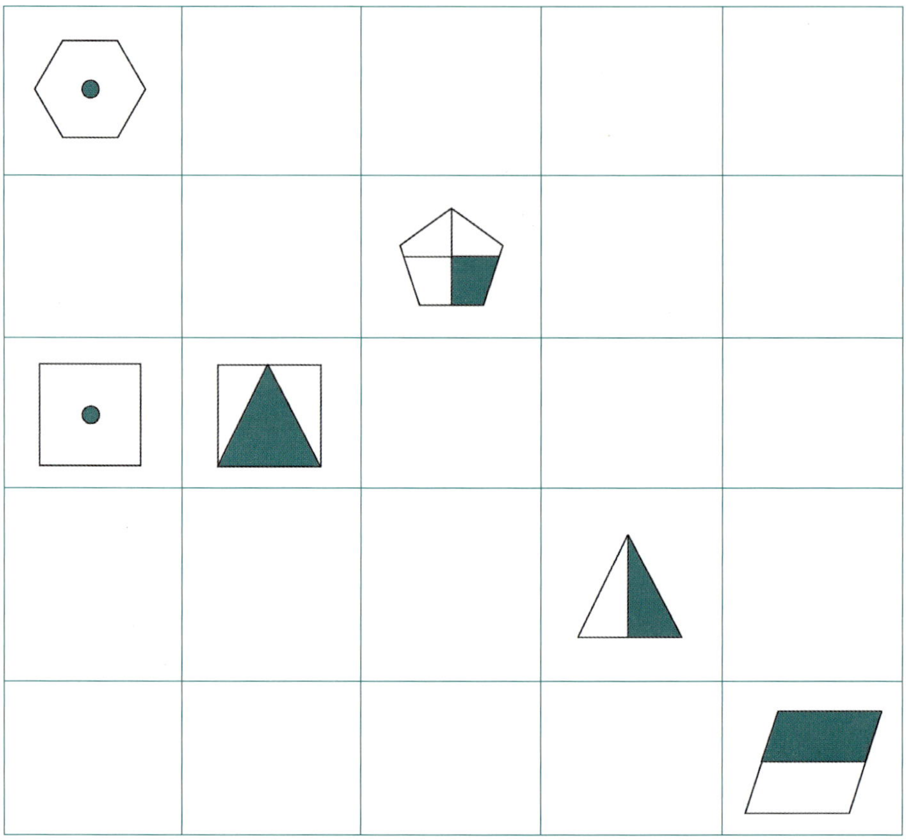

출제자 김다현

59 아래의 조건을 보고 x, y, z, m의 직업을 구하시오.

〈조건〉

(1) x는 선생님과 의사와 함께 밥을 먹었다.

(2) y는 의사가 인기가 높은 것을 질투하였다.

(3) 정원사는 x와 전화통화를 하였다.

(4) z는 선생님이 아니다.

(5) y는 선생님과 인사를 하였다.

직업 / 이름	선생님	의사	군인	정원사
x				
y				
z				
m				

출제자 정선우

60 다음 그림을 보고 표를 완성한 후 19번째 올 동그라미의 개수를 구하시오.

보기

〈표〉

번째 수	1	2	3	4	5	6	7	8	9	10
주머니의 개수	2									

난이도 상

나만의 수학문제-풀이

01 답 풀이 참고

주어진 수를 1부터 30까지의 서로 다른 자연수의 곱으로 표현해보면,

- $45 = 3\times15$
 $= 5\times9$
- $276 = 12\times23$
- $55 = 5\times11$
- $7 = 1\times7$
- $54 = 2\times27$
 $= 3\times18$
 $= 6\times9$
- $36 = 2\times18$
 $= 3\times12$
 $= 4\times9$
- $207 = 9\times23$
- $15 = 1\times15$
 $= 3\times5$
- $14 = 1\times14$
 $= 2\times7$
- $216 = 8\times27$
 $= 9\times24$
 $= 12\times18$
- $66 = 3\times22$
 $= 6\times11$
- $15 = 1\times15$
 $= 3\times5$

이므로 공통으로 곱해진 수를 찾아서 빈 칸에 알맞은 수를 써 넣으면 답은 다음과 같이 두 가지입니다.

	3				15	45
23			12			276
	5			11		55
		7			1	7
9				6		54
		2	18			36
207	15	14	216	66	15	

	15				3	45
23			12			276
				11	5	55
	1	7				7
9				6		54
		2	18			36
207	15	14	216	66	15	

02 답 풀이 참고

주어진 수를 1부터 20까지의 서로 다른 자연수의 곱으로 표현해보면,

- $13 = 1\times13$
- $20 = 1\times20$
 $= 2\times10$
 $= 4\times5$
- $42 = 3\times14$
 $= 6\times7$
- $60 = 3\times20$
 $= 4\times15$
 $= 5\times12$
 $= 6\times10$
- $133 = 7\times19$
- $7 = 1\times7$
- $65 = 5\times13$
- $140 = 7\times20$
 $= 10\times14$
- $57 = 3\times19$
- $24 = 2\times12$
 $= 3\times8$
 $= 4\times6$

이므로 공통으로 곱해진 수를 찾아서 빈 칸에 알맞은 수를 써 넣으면 답은 다음과 같이 두 가지입니다.

1	13				13
	5			4	20
		14	3		42
		10		6	60
7			19		133
7	65	140	57	24	

1	13				13
		10		2	20
		14	3		42
	5			12	60
7			19		133
7	65	140	57	24	

03 **답** $35+36+37$, $10+11+12+13+14+15+16+17$,
$8+9+10+11+12+13+14+15+16$

108을 두 자연수의 곱으로 표현해보면,

㉠ $108=1\times108=2\times54=3\times36=4\times27=6\times18=9\times12$ 입니다.

i) 홀수개의 합

(연속하는 자연수 홀수개의 합)=(중간수)×(개수)이고, 더해진 개수가 홀수 개이므로 ㉠에서 홀수가 곱해진 곱을 찾으면,

① (3×36) → 중간수 : 36, 개수 : 3개

∴ $35+36+37$

② (4×27) → 중간수 : 4, 개수 : 27개

→ 자연수의 합으로 표현할 수 없다.

③ (9×12) → 중간수 : 12, 개수 : 9개

∴ $8+9+10+11+12+13+14+15+16$

ii) 짝수개의 합

(연속하는 자연수 짝수개의 합)=(중간 두 수의 합)×{(개수)÷2}이고, 연속하는 두 자연수의 합은 항상 홀수이므로 ㉠에서 홀수가 곱해진 곱을 찾으면,

① (3×36) → 중간 두 수의 합 : 3, 개수 : $36\times2=72$개
→ 자연수의 합으로 표현할 수 없다.
② (4×27) → 중간 두 수의 합 : 27, 개수 : $4\times2=8$개
$\therefore\ 10+11+12+13+14+15+16+17$
③ (9×12) → 중간 두 수의 합 : 9, 개수 : $12\times2=24$개
→ 자연수의 합으로 표현할 수 없다.

04 답 24개

네 자리 수 ㉠㉡㉢㉣에서 대칭수가 되어야 하므로 ㉠ = ㉣, ㉡ = ㉢이어야 하고, 소수 2개가 바깥쪽에 있어야 하므로 ㉠, ㉣이 될 수 있는 수는 2, 3, 5, 7이고, 소수 2개와 소수가 아닌 수 2개로 이루어져 있어야 하므로 ㉡, ㉢이 될 수 있는 수는 0, 1, 4, 6, 8, 9이므로 네 자리 수 ㉠㉡㉢㉣이 될 수 있는 수는,

2002	3003	5005	7007
2112	3113	5115	7117
2442	3443	5445	7447
2662	3663	5665	7667
2882	3883	5885	7887
2992	3993	5995	7997

이므로 $6\times4=24$개입니다.

05 답 36개

두 자리 수이면서 대칭수는 11, 22, 33, 44, 55, 66, 77, 88, 99입니다. 따라서,

분모가 22일 때, $\frac{11}{22}$ → 1개
분모가 33일 때, $\frac{11}{33}, \frac{22}{33}$ → 2개
분모가 44일 때, $\frac{11}{44}, \frac{22}{44}, \frac{33}{44}$ → 3개
분모가 55일 때, $\frac{11}{55}, \frac{22}{55}, \frac{33}{55}, \frac{44}{55}$ → 4개
분모가 66일 때, $\frac{11}{66}, \frac{22}{66}, \cdots, \frac{55}{66}$ → 5개
분모가 77일 때, $\frac{11}{77}, \frac{22}{77}, \cdots \frac{66}{77}$ → 6개
분모가 88일 때, $\frac{11}{88}, \frac{22}{88}, \cdots \frac{77}{88}$ → 7개
분모가 99일 때, $\frac{11}{99}, \frac{22}{99}, \cdots \frac{88}{99}$ → 8개

∴ $1+2+3+4+5+6+7+8=36$개입니다.

06 답 (1) $11+99$, $22+88$, $33+77$, $44+66$

(2) $11+22+77$, $11+33+66$, $11+44+55$, $22+33+55$

(3) $11+22+33+44$

1 ~ 100까지의 회문수는 11, 22, 33, 44, 55, 66, 77, 88, 99입니다.

(1) $110=\square+\square$

1 ~ 100까지의 회문수는 모두 11의 배수이므로 두 수 A, B를 $A=11\times a$, $B=11\times b$라 하면,

① $110=11\times10$ 이고,

② $A+B=11\times a+11\times b=11\times(a+b)$ 이므로

①, ②에 의해 $11\times10=11\times(a+b)$ 입니다. 따라서 $a+b=10$ 이므로 이를 만족하는 두 수 A, B를 찾으면,

$$(a, b)=\quad(1, 9)\quad(2, 8)\quad(3, 7)\quad(4, 6)$$
$$\therefore (A, B)=\quad(11, 99)\quad(22, 88)\quad(33, 77)\quad(44, 66)$$

따라서 $110=11+99=22+88=33+77=44+66$ 네 가지로 나타낼 수 있습니다.

(2) $110=\square+\square+\square$

위와 마찬가지로 세 수 A, B, C를 $A=11\times a$, $B=11\times b$, $C=11\times c$라 하면,

① $110=11\times10$이고,

② $A+B+C=11\times a+11\times b+11\times c=11\times(a+b+c)$이므로

①, ②에 의해 $11\times10=11\times(a+b+c)$ 입니다. 따라서 $a+b+c=10$이므로 이를 만족하는 세 수 A, B, C를 찾으면,

$$(a, b, c)=\quad(1, 2, 7)\quad(1, 3, 6)\quad(1, 4, 5)\quad(2, 3, 5)$$
$$\therefore (A, B, C)=\quad(11, 22, 77)\quad(11, 33, 66)\quad(11, 44, 55)\quad(22, 33, 55)$$

따라서 $110=11+22+77=11+33+66=11+44+55=22+33+55$ 네 가지로 나타낼 수 있습니다.

(3) $110=\square+\square+\square+\square$

위와 마찬가지로 네 수 A, B, C, D를 $A=11\times a$, $B=11\times b$, $C=11\times c$, $D=11\times d$라 하면,

① $110=11\times10$이고,

② $A+B+C+D=11\times a+11\times b+11\times c+11\times d=11\times(a+b+c+d)$이므로

①, ②에 의해 $11\times10=11\times(a+b+c+d)$ 입니다. 따라서 $a+b+c+d=10$ 이므로 이를 만족하는 네 수 A, B, C, D를 찾으면,

$$(a,\ b,\ c,\ d)=\quad(1,\ 2,\ 3,\ 4)$$
$$\therefore\ (\mathrm{A},\ \mathrm{B},\ \mathrm{C},\ \mathrm{D})=\quad(11,\ 22,\ 33,\ 44)$$

따라서 $110=11+22+33+44$로 나타낼 수 있습니다.

07 **답** 8개

방법 1) 120의 약수는 1, 2, 3, 4, 5, 6, 8, 10, 12, 15, 20, 24, 30, 40, 60, 120 이고, 이 중 3과 7의 배수를 제외하면 1, 2, 4, 5, 8, 10, 20, 40이므로 모두 8개입니다.

방법 2) 120을 소인수분해하면 $120=2^3\times3\times5$ 이고, 3과 7의 배수를 제외한 120의 약수의 개수는 $2^3\times5$의 약수의 개수와 같습니다. 따라서 $4\times2=8$개입니다.

08 **답** (1) 48 (2) 15개

어떤 수의 약수의 개수는 그 수를 소인수분해했을 때 '(지수+1)의 곱'으로 구할 수 있습니다.

> $(a^l\times b^m\times c^n$의 약수의 개수$)=(l+1)\times(m+1)\times(n+1)$,
> (단, $a\neq b\neq c$, a, b, c는 소수)

(1) 진약수가 9개인 수는 약수의 개수가 10개이고 $10=1\times10=2\times5$로 나타낼 수 있으므로 진약수가 9개인 수는 $(\text{소수})^9$ 또는 $(\text{소수})\times(\text{소수})^4$의 형태로 나타납니다.

i) 1 ~ 50의 자연수 중 $(\text{소수})^9$를 만족하는 자연수는 없습니다.

ii) 1 ~ 50의 자연수 중 $(\text{소수})\times(\text{소수})^4$를 만족하는 자연수는 $3\times2^4=48$입니다.

(2) 진약수가 3개인 수는 약수의 개수가 4개이고 $4=1\times4=2\times2$로 나타낼 수 있으므로 진약수가 3개인 수는 $(\text{소수})^3$ 또는 $(\text{소수})\times(\text{소수})$의 형태로 나타납니다.

i) 1 ~ 50의 자연수 중 $(\text{소수})^3$ 를 만족하는 자연수는 $2^3=8$, $3^3=27$ 즉, 8, 27입니다.

ii) 1 ~ 50의 자연수 중 $(\text{소수})\times(\text{소수})$ 를 만족하는 자연수는
$2\times3=6$, $2\times5=10$, $2\times7=14$, $2\times11=22$, $2\times13=26$, $2\times17=34$, $2\times19=38$, $2\times23=46$, $3\times5=15$, $3\times7=21$, $3\times11=33$, $3\times13=39$, $5\times7=35$

즉, 6, 10, 14, 15, 21, 22, 26, 33, 34, 35, 38, 39, 46입니다.
따라서 ⅰ)과 ⅱ)에 의해 $2+13=15$개입니다.

09 답 776

어떤 수의 약수의 개수는 그 수를 소인수분해했을 때 '(지수$+1$)의 곱'으로 구할 수 있습니다.

$$(a^l \times b^m \times c^n \text{의 약수의 개수}) = (l+1)\times(m+1)\times(n+1),$$
$$(\text{단, } a \neq b \neq c,\ a,\ b,\ c\text{는 소수})$$

약수의 개수가 9개인 수는 $9=1\times9=3\times3$으로 나타낼 수 있으므로 $(\text{소수})^8$ 또는 $(\text{소수})^2\times(\text{소수})^2$의 형태로 나타납니다.

ⅰ) $(\text{소수})^8$ 를 만족하는 세 자리 자연수는 $2^8=256$밖에 없습니다.

ⅱ) $(\text{소수})^2\times(\text{소수})^2$ 를 만족하는 중 가장 작은 세 자리 자연수는 $2^2\times5^2=100$이고 가장 큰 세 자리 자연수는 $2^2\times13^2=676$입니다.

따라서 $100+676=776$입니다.

10 답 270

과잉수는 진약수의 총합이 그 수보다 큰 수입니다.
과잉수를 찾아보면 다음과 같습니다.

수	진약수	총합
12	1, 2, 3, 4, 6	16
18	1, 2, 3, 6, 9	21
20	1, 2, 4, 5, 10	22
24	1, 2, 3, 4, 6, 8, 12	36
30	1, 2, 3, 5, 6, 10, 15	42
36	1, 2, 3, 4, 6, 9, 12, 18	55
40	1, 2, 4, 5, 8, 10, 20	50
42	1, 2, 3, 6, 7, 14, 21	54
48	1, 2, 3, 4, 6, 8, 12, 16, 24	76

$\therefore\ 12+18+20+24+30+36+40+42+48=270$

11 답 100개

문제의 상황을 표로 정리해 보면,

성문	지나간 사람	결과
1	1	열림
2	1, 2	닫힘
3	1, 3	닫힘
4	1, 2, 4	열림
5	1, 5	닫힘
6	1, 2, 3, 6	닫힘
7	1, 7	닫힘
8	1, 2, 4, 8	닫힘
9	1, 3, 9	열림
10	1, 2, 5, 10	닫힘

각각의 성문을 지나간 사람은 그 성문 번호의 약수를 번호로 가진 사람이고, 지나간 사람이 홀수 명인 성문이 열려있게 됩니다. 따라서 열려 있는 성문은 약수의 개수가 홀수인, 즉 제곱수를 번호로 가진 성문입니다. $10,000=100\times100$이므로 열려 있는 성문은 100개입니다.

12 답 90개

문제의 상황을 표로 정리해 보면,

방	지나간 개미	알의 개수
1	1	홀수
2	1, 2	짝수
3	1, 3	짝수
4	1, 2, 4	홀수
5	1, 5	짝수
6	1, 2, 3, 6	짝수
7	1, 7	짝수
8	1, 2, 4, 8	짝수
9	1, 3, 9	홀수
10	1, 2, 5, 10	짝수

각각의 방을 지나간 개미는 그 방 번호의 약수를 번호로 가진 개미이고, 지나간 개미가 짝수마리인 방에 알이 짝수개가 남아 있게 됩니다.

(짝수개의 알이 남아 있는 방의 개수)

=(약수의 개수가 짝수인 방의 개수)

=(전체 방의 개수)−(약수의 개수가 홀수인 방의 개수)

=100−(100보다 작거나 같은 제곱수의 개수)

$=100-10$

$=90$(개)

13 답 2000

방법 1) 문제에서 더해진 수를 보면 모두 5의 배수입니다. 따라서

$5+10+15+\cdots+95+100+98+\cdots+15+10+5$

$=5\times(1+2+3+\cdots+19+20+19+\cdots+3+2+1)$

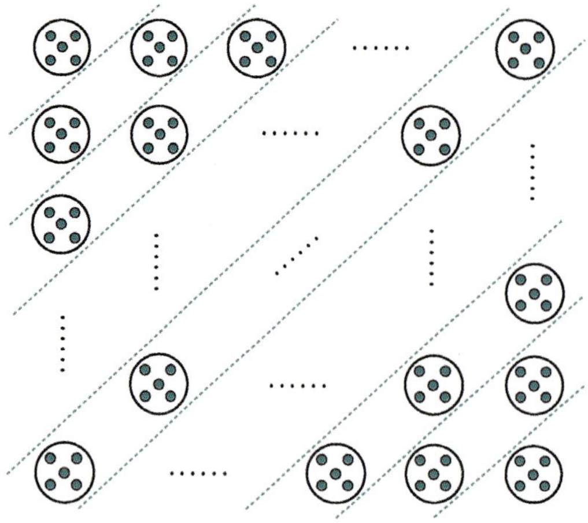

➔ $5 \times (20 \times 20) = 2000$

방법 2) 위에서부터 아래로 5, 10, 15, ⋯, 100까지 흰 원을 그리고 다시 위에서부터 95, 90, 85, ⋯, 5까지 검은 원을 그렸을 때, 문제에 제시된 총 합은 그림에서 원의 총 개수와 같습니다. 그림에서 원의 개수를 세어 보면 가로로 100개, 세로로 20개이므로 $100 \times 20 = 2000$입니다.

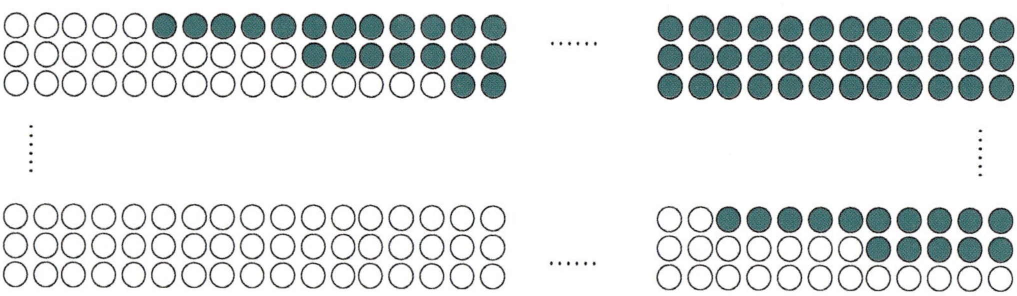

14 **답** 풀이 참고

1부터 8까지의 자연수 중 합이 12가 되는 세 수를 찾아보면,
(1, 3, 8), (1, 4, 7), (1, 5, 6), (2, 3, 7), (2, 4, 6), (3, 4, 5)입니다. 이 수들을 조건에 맞게 조합해보면 답은 다음과 같이 두 가지입니다.

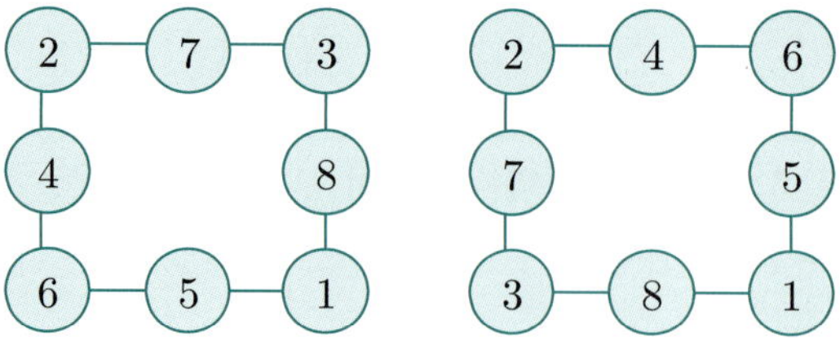

15 **답** 풀이 참고

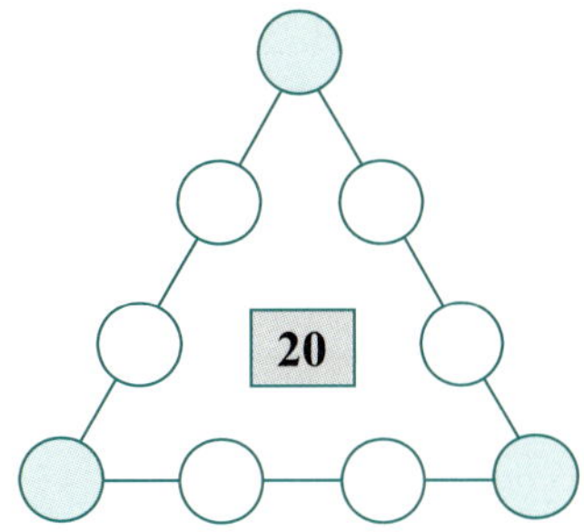

각 변의 합을 더하면 $20 \times 3 = 60$이고 색칠된 부분의 수들은 두 번씩 더해지게 됩니다. 그런데 1부터 9까지의 수를 한 번씩 사용해야하므로 원 안에 들어갈 모든 수들의 합은 $1+2+ \cdots +9=45$입니다. 따라서 색칠된 부분의 수들의 합은 $60-45=15$가 되어야 합니다. 합이 15가 되는 세 수를 모두 찾으면,

(9, 5, 1), (9, 4, 2), (8, 6, 1), (8, 5, 1), (8, 4, 3), (7, 6, 2), (7, 5, 3), (6, 5, 4)

입니다.

따라서 조건에 맞게 수를 써 넣으면 답은 다음과 같이 24가지입니다.

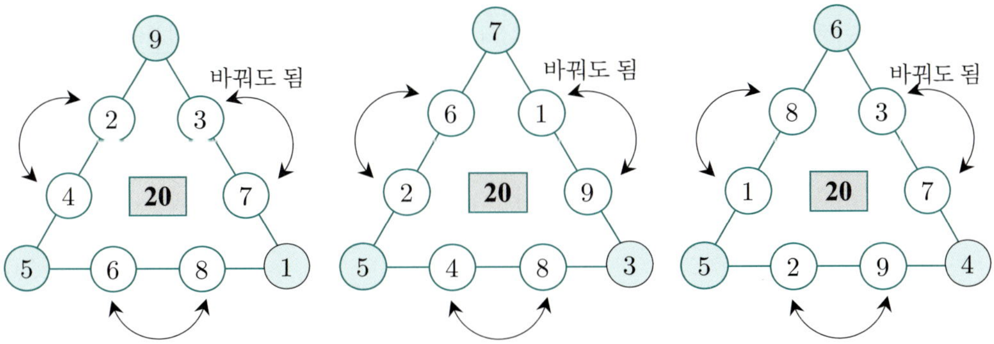

16 **답** 471118

1　3　㉠　㉡　㉢　㉣　29　47

규칙 : 차례로 나열된 두 수의 합이 그 다음 수입니다.

㉠ $= 1+3=4$

㉡ $= 3+$ ㉠ $= 3+4=7$

㉢ $=$ ㉠ $+$ ㉡ $= 4+7=11$

㉣ $=$ ㉡ $+$ ㉢ $= 7+11=18$

$29 =$ ㉢ $+$ ㉣ $= 11+18$

$47 =$ ㉣ $+ 29 = 18+29$

$\therefore$ ㉠ $=4$, ㉡ $=7$, ㉢ $=11$, ㉣ $=18$이므로 비밀번호는 471118입니다.

17 **답** 풀이 참고

색칠된 부분에 들어갈 수 있는 수는 6 또는 8입니다. 따라서 6일 때와 8일 때 다음과 같은

순서대로 풀어보면 다음과 같습니다.

2	8	6	4
⑪	⑤	②	⑥
⑩	①	④	⑦
6	⑨	⑧	③

➔

2	8	6	4
4	6	8	2
8	2	4	6
6	4	2	8

2	8	6	4
⑪	③	②	⑥
⑩	①	④	⑦
8	⑨	⑧	⑤

➔

2	8	6	4
6	4	2	8
4	6	8	2
8	2	4	6

대각선 위의 어떤 칸을 먼저 선택하여 풀어도 위와 같이 풀릴 것입니다.

18 답 풀이 참고

□에 들어갈 알맞은 글자를 먼저 써넣고 □에 들어갈 글자를 찾아보면 '나' 또는 '라'입니다. 따라서 '나'일 때와 '라'일 때 다음과 같은 순서대로 풀어보면 다음과 같습니다.

라	⑫	⑪	⑩	②
가	마	나	①	다
⑤	⑯	③	⑨	⑰
⑥	④	⑬	⑦	⑱
마	⑮	⑭	⑧	나

➔

라	다	마	나	가
가	마	나	라	다
나	가	다	마	라
다	나	라	가	마
마	라	가	다	나

라	⑯	⑰	⑱	②
가	마	라	①	다
⑤	⑮	③	⑪	⑫
⑥	④	⑭	⑦	⑬
마	⑨	⑧	⑩	나

➔

라	나	마	다	가
가	마	라	나	다
나	가	다	마	라
다	라	나	가	마
마	다	가	라	나

19 답 D = 5

D	B	C	C	D	B	38	①
B	C	E	A	C	C	44	②
C	D	E	A	E	D	44	③
D	E	F	F	C	B	46	④
E	A	E	A	A	E	48	⑤
D	F	F	E	C	D	44	⑥
40							
⑦							

⑤에서, $A \times 3 + B \times 3 = 48 \rightarrow A + E = 48 \div 3 = 16$ ⋯ ㉠

③과 ⑦에서,

③ $A+C+D\times2+E\times2=44$, ⑦ $B+C+D\times3+E=40$

③ − ⑦을 하면, $A+E-B-D=4$이고 ㉠에 의해 $A+E=16$이므로 $16-B-D=4$

→ $B+D=12$ ⋯ ㉡

①에서,

$B\times2+C\times2+D\times2=38$ → $(B+D)\times2+C\times2=38$ (㉡에 의해 $B+D=12$이므로)

→ $12\times2+C\times2=38$

→ $C\times2=14$

→ $C=7$ ⋯ ㉢

②에서, $A+B+C\times3+E=44$이고 ㉠에 의해 $A+E=16$이고, ㉢에 의해 $C=7$이므로 이를 ②의 식에 대입하면, $16+B+7\times3=44$ → $B=7$입니다.

㉡에서 $B+D=12$이므로 $D=5$입니다.

20 답 24개

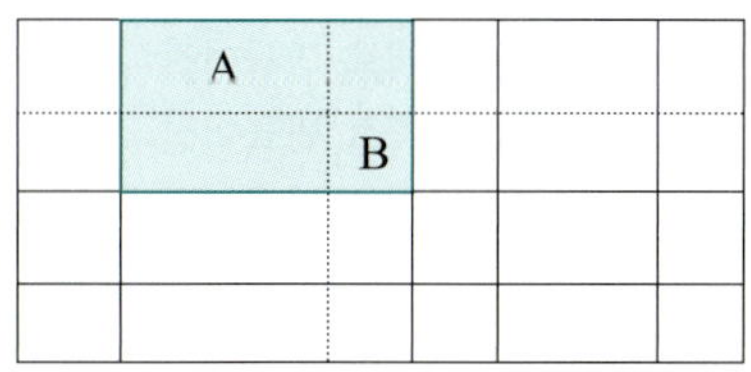

A, B를 모두 포함해야 하므로 색칠된 부분을 하나의 직사각형으로 보면,

① 가로로 분할하여 찾을 수 있는 색칠된 부분을 포함하는 직사각형의 개수

- 사각형 1개로 만들어진 직사각형의 개수 : 1개
- 사각형 2개로 만들어진 직사각형의 개수 : 1개
- 사각형 3개로 만들어진 직사각형의 개수 : 1개

→ 모든 직사각형의 개수 : 3개

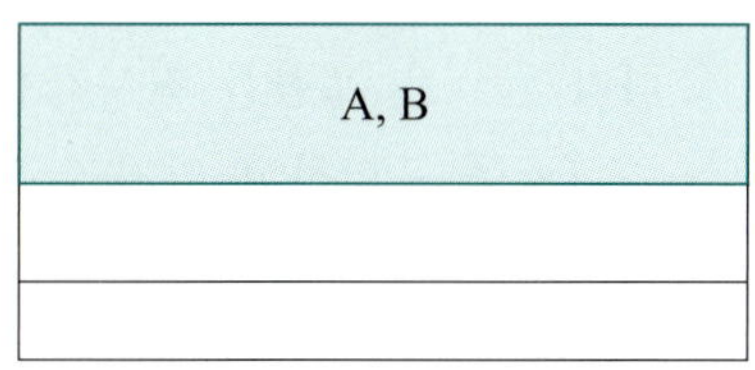

② 세로로 분할하여 찾을 수 있는 색칠된 부분을 포함하는 직사각형의 개수

- 사각형 1개로 만들어진 직사각형의 개수 : 1개
- 사각형 2개로 만들어진 직사각형의 개수 : 2개
- 사각형 3개로 만들어진 직사각형의 개수 : 2개
- 사각형 4개로 만들어진 직사각형의 개수 : 2개
- 사각형 5개로 만들어진 직사각형의 개수 : 1개

→ 모든 직사각형의 개수 : 8개

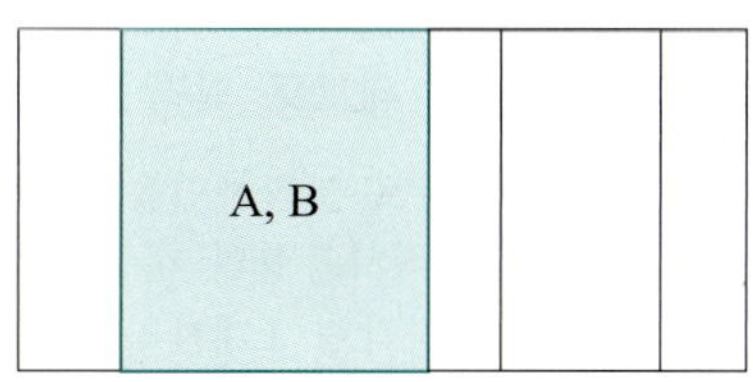

①, ②에 의해 $3\times8=24$개입니다.

21 답 321개

(☆을 포함하고 있지 않는 직사각형의 개수)＝(전체 직사각형의 개수)－(☆을 포함하는 직사각형의 개수)

ⅰ) 전체 직사각형의 개수

① 가로로 분할하였을 때,
- 사각형 1개로 만들어진 직사각형의 개수 : 6개
- 사각형 2개로 만들어진 직사각형의 개수 : 5개
- 사각형 3개로 만들어진 직사각형의 개수 : 4개
- 사각형 4개로 만들어진 직사각형의 개수 : 3개
- 사각형 5개로 만들어진 직사각형의 개수 : 2개
- 사각형 6개로 만들어진 직사각형의 개수 : 1개

→ 모든 직사각형의 개수 : 21개

② 세로로 분할하였을 때,
- 사각형 1개로 만들어진 직사각형의 개수 : 6개
- 사각형 2개로 만들어진 직사각형의 개수 : 5개
- 사각형 3개로 만들어진 직사각형의 개수 : 4개
- 사각형 4개로 만들어진 직사각형의 개수 : 3개
- 사각형 5개로 만들어진 직사각형의 개수 : 2개
- 사각형 6개로 만들어진 직사각형의 개수 : 1개

→ 모든 직사각형의 개수 : 21개

따라서 전체 직사각형의 개수는 $21 \times 21 = 441$개입니다.

ⅱ) ☆을 포함한 직사각형의 개수

① 가로로 분할하였을 때,
- 사각형 1개로 만들어진 직사각형의 개수 : 1개
- 사각형 2개로 만들어진 직사각형의 개수 : 2개
- 사각형 3개로 만들어진 직사각형의 개수 : 2개
- 사각형 4개로 만들어진 직사각형의 개수 : 2개
- 사각형 5개로 만들어진 직사각형의 개수 : 2개
- 사각형 6개로 만들어진 직사각형의 개수 : 1개

→ 모든 직사각형의 개수 : 10개

② 세로로 분할하였을 때,
- 사각형 1개로 만들어진 직사각형의 개수 : 1개
- 사각형 2개로 만들어진 직사각형의 개수 : 2개
- 사각형 3개로 만들어진 직사각형의 개수 : 3개
- 사각형 4개로 만들어진 직사각형의 개수 : 3개
- 사각형 5개로 만들어진 직사각형의 개수 : 2개
- 사각형 6개로 만들어진 직사각형의 개수 : 1개

→ 모든 직사각형의 개수 : 12개

따라서 ☆을 포함한 직사각형의 개수는 $10 \times 12 = 120$개입니다.

∴ (☆을 포함하고 있지 않는 직사각형의 개수)$= 441 - 120 = 321$(개)

22 답 42개

방법 1) 다음과 같이 각각의 영역에서 a를 포함한 직사각형의 개수를 구합니다.

ⅰ) 가로와 세로로 각각 분할하였을 때 만들어지는 a를 포함한 직사각형의 개수를 구하면,

① 가로로 분할하였을 때 만들어지는 직사각형의 개수
- 사각형 1개짜리 : 1개
- 사각형 2개짜리 : 1개
- 사각형 3개짜리 : 1개

→ 모든 직사각형의 개수 : 3개

② 세로로 분할하였을 때 만들어지는 직사각형의 개수
- 사각형 1개짜리 : 1개
- 사각형 2개짜리 : 2개
- 사각형 3개짜리 : 2개
- 사각형 4개짜리 : 2개
- 사각형 5개짜리 : 1개

→ 모든 직사각형의 개수 : 8개

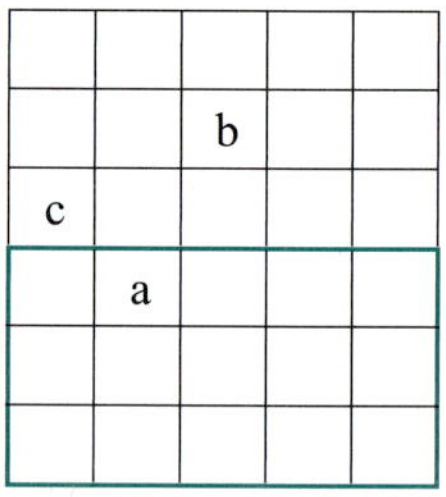

따라서 모든 직사각형의 개수는 $3 \times 8 = 24$개입니다.

ii) 색칠된 부분을 하나의 직사각형이라고 생각했을 때, 선택된 영역에서 색칠된 부분을 포함한 직사각형의 개수를 각각 구하면,

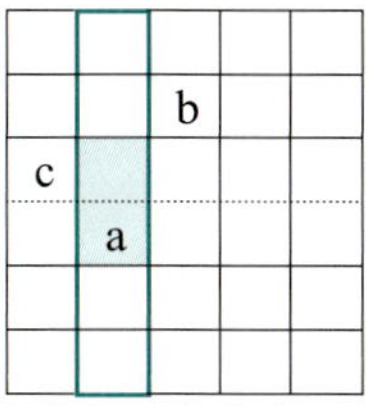

- 사각형 1개짜리 : 1개
- 사각형 2개짜리 : 2개
- 사각형 3개짜리 : 3개
- 사각형 4개짜리 : 2개
- 사각형 5개짜리 : 1개

→ 모두 9개

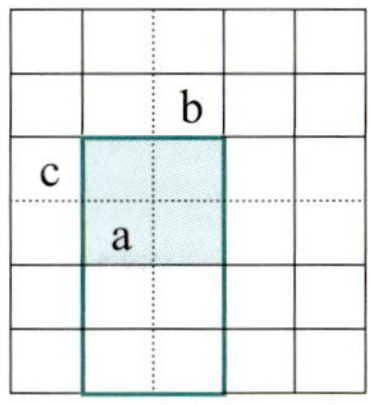

- 사각형 1개짜리 : 1개
- 사각형 2개짜리 : 1개
- 사각형 3개짜리 : 1개

→ 모두 3개

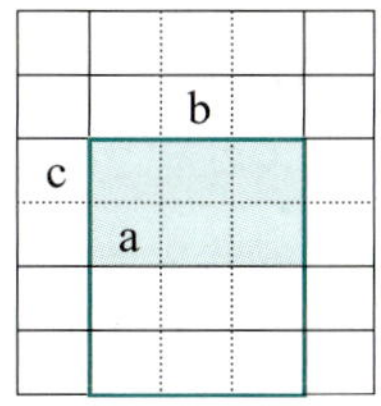

- 사각형 1개짜리 : 1개
- 사각형 2개짜리 : 1개
- 사각형 3개짜리 : 1개

→ 모두 3개

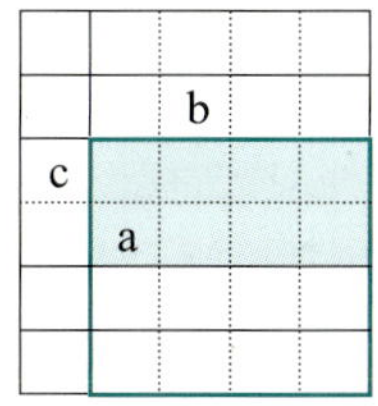

- 사각형 1개짜리 : 1개
- 사각형 2개짜리 : 1개
- 사각형 3개짜리 : 1개

→ 모두 3개

따라서 모든 직사각형의 개수는 $9+3+3+3=18$개입니다.

∴ i), ii)에 의해 $24+18=42$개입니다.

방법 2) (a만 포함하는 직사각형의 개수)

=(a를 포함하는 직사각형의 개수)−(a, b를 포함하는 직사각형의 개수)

−(a, c를 포함하는 직사각형의 개수)+(a, b, c를 포함하는 직사각형의 개수)

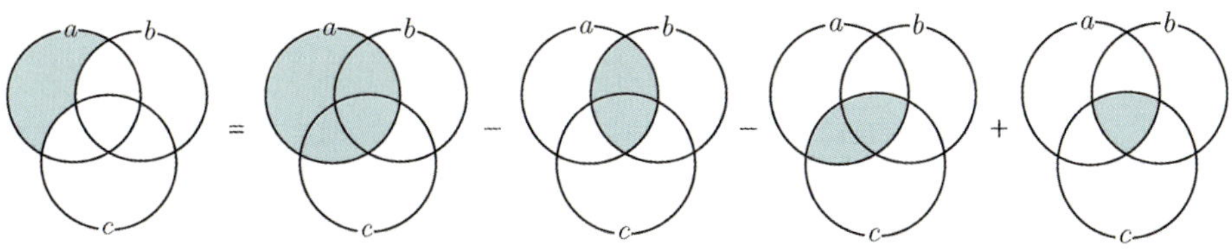

i) a를 포함하는 직사각형의 개수

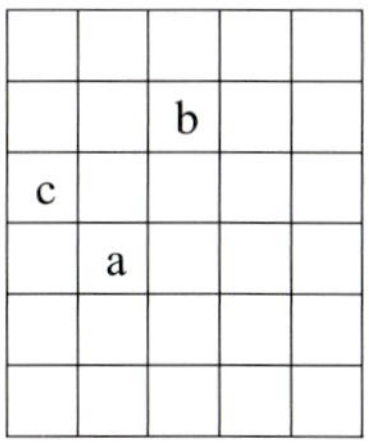

① 가로로 분할하였을 때 만들어지는 직사각형의 개수
- 사각형 1개짜리 : 1개
- 사각형 2개짜리 : 2개
- 사각형 3개짜리 : 3개
- 사각형 4개짜리 : 3개
- 사각형 5개짜리 : 2개
- 사각형 6개짜리 : 1개

→ 모두 12개

② 세로로 분할하였을 때 만들어지는 직사각형의 개수
- 사각형 1개짜리 : 1개
- 사각형 2개짜리 : 2개
- 사각형 3개짜리 : 2개
- 사각형 4개짜리 : 2개
- 사각형 5개짜리 : 1개

→ 모두 8개

따라서 a를 포함하는 직사각형의 개수는 $12\times8=96$개입니다.

ii) a, b를 포함하는 직사각형의 개수(색칠된 부분을 하나의 직사각형으로 보면,)

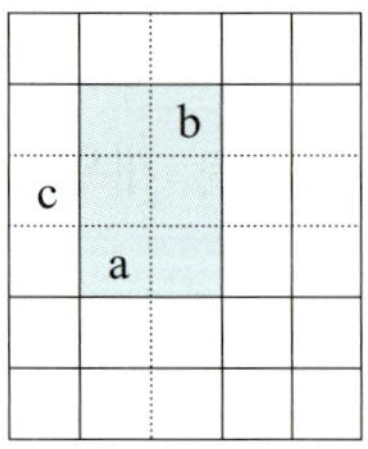

① 가로로 분할하였을 때 만들어지는 직사각형의 개수
- 사각형 1개짜리 : 1개
- 사각형 2개짜리 : 2개
- 사각형 3개짜리 : 2개
- 사각형 4개짜리 : 1개

→ 모두 6개

② 세로로 분할하였을 때 만들어지는 직사각형의 개수
- 사각형 1개짜리 : 1개
- 사각형 2개짜리 : 2개
- 사각형 3개짜리 : 2개
- 사각형 4개짜리 : 1개

→ 모두 6개

따라서 a, b를 포함하는 직사각형의 개수는 $6 \times 6 = 36$개입니다.

iii) a, c를 포함하는 직사각형의 개수(색칠된 부분을 하나의 직사각형으로 보면,)

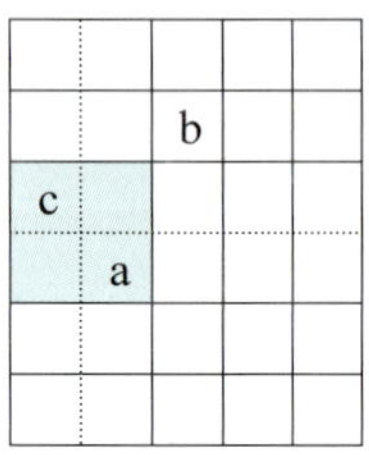

① 가로로 분할하였을 때 만들어지는 직사각형의 개수
- 사각형 1개짜리 : 1개
- 사각형 2개짜리 : 2개
- 사각형 3개짜리 : 3개
- 사각형 4개짜리 : 2개
- 사각형 5개짜리 : 1개

→ 모두 9개

② 세로로 분할하였을 때 만들어지는 직사각형의 개수
- 사각형 1개짜리 : 1개
- 사각형 2개짜리 : 1개
- 사각형 3개짜리 : 1개
- 사각형 4개짜리 : 1개

→ 모두 4개

따라서 a, c를 포함하는 직사각형의 개수는 $9 \times 4 = 36$개입니다.

iv) a, b, c를 포함하는 직사각형의 개수(색칠된 부분을 하나의 직사각형으로 보면,)

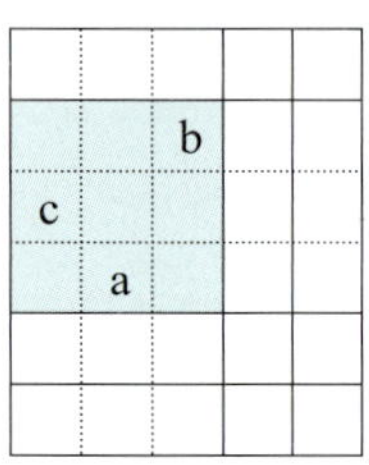

① 가로로 분할하였을 때 만들어지는 직사각형의 개수
- 사각형 1개짜리 : 1개
- 사각형 2개짜리 : 2개
- 사각형 3개짜리 : 2개
- 사각형 4개짜리 : 1개

→ 모두 6개

② 세로로 분할하였을 때 만들어지는 직사각형의 개수
- 사각형 1개짜리 : 1개
- 사각형 2개짜리 : 1개
- 사각형 3개짜리 : 1개

→ 모두 3개

따라서 a, b, c를 포함하는 직사각형의 개수는 $6 \times 3 = 18$개입니다.

$\therefore$ i), ii), iii), iv)에 의해 $96 - 36 - 36 + 18 = 42$개입니다.

23 **답** 72개

평행사변형 모양을 찾아보면 '' 또는 '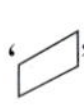'입니다.

i) ''모양 → 가로줄(**=**)과 빗금(//)으로 이루어진 모양입니다. 따라서 다음과 같이 나누어 모두 세어보면,

★을 포함하는 가로줄(=)	빗금(//)	개수
① 1줄 ★	1칸 2칸 3칸 4칸 5칸	→ 1개 → 2개 → 3개 → 2개 → 1개
		총 9개
② 2줄 ★	1칸 2칸 3칸 4칸	→ 1개 → 2개 → 2개 → 1개
		총 6개
★	1칸 2칸 3칸 4칸	→ 1개 → 2개 → 2개 → 1개
		총 6개
③ 3줄 ★	1칸 2칸 3칸	→ 1개 → 1개 → 1개
		총 3개
★	1칸 2칸 3칸	→ 1개 → 2개 → 1개
		총 4개

★을 포함하는 가로줄(=)	빗금(//)	개수
★	1칸 2칸 3칸	→ 1개 → 1개 → 1개
		총 3개
④ 4줄 ★	1칸 2칸	→ 1개 → 1개
		총 2개
★	1칸 2칸	→ 1개 → 1개
		총 2개
⑤ 5줄 ★	1칸	→ 1개
		총 1개

따라서 ''의 개수는 모두 36개입니다.

ii) '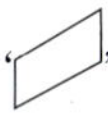'모양 → 세로줄(| |)과 빗금(//)으로 이루어진 모양입니다. 따라서 다음과 같이 나누어 모두 세어보면,

★을 포함하는 세로줄(‖)	빗금(//)	개수
① 1줄 	1칸 2칸 3칸 4칸 5칸	→ 1개 → 2개 → 3개 → 2개 → 1개
		총 9개
② 2줄 	1칸 2칸 3칸 4칸	→ 1개 → 2개 → 2개 → 1개
		총 6개
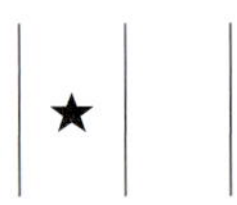	1칸 2칸 3칸 4칸	→ 1개 → 2개 → 2개 → 1개
		총 6개
③ 3줄 	1칸 2칸 3칸	→ 1개 → 1개 → 1개
		총 3개
	1칸 2칸 3칸	→ 1개 → 2개 → 1개
		총 4개
	1칸 2칸 3칸	→ 1개 → 1개 → 1개
		총 3개
④ 4줄 	1칸 2칸	→ 1개 → 1개
		총 2개
	1칸 2칸	→ 1개 → 1개
		총 2개
⑤ 5줄 	1칸	→ 1개
		총 1개

따라서 '▱'의 개수는 모두 36개입니다.

∴ ★을 포함한 직사각형이 아닌 평행사변형의 개수는 $36+36=72$개입니다.

24 답 풀이 참고

그림은 △모양이 모두 24개이므로 4개의 도형으로 나누려면, $24 \div 4 = 6$이므로 △모양 6개로 이루어진 도형으로 나누어야 합니다.

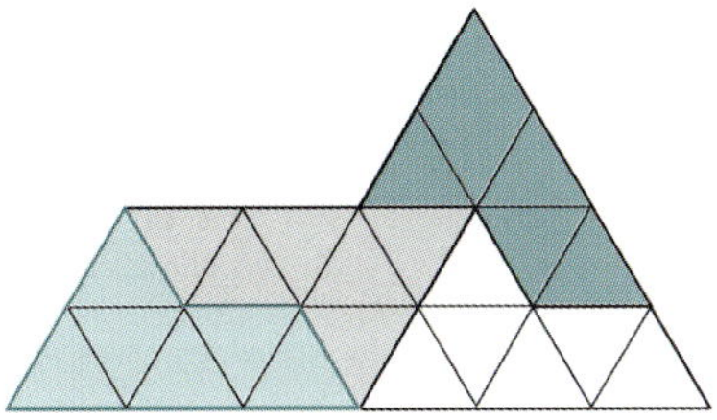

25 답 풀이 참고

선분 ① : 면 ㄱㄴㅂㅁ 위의 점 ㄱ과 점 ㅂ을 이은 선분이므로 전개도에서 면 ㄱㄴㅂㅁ을 찾고 점 ㄱ과 점 ㅂ을 잇는 선분을 그립니다.

선분 ② : 면 ㄱㄴㅂㅁ 위의 점 ㅂ과 선분 ㄱㅁ의 중점을 이은 선분이므로 전개도에서 면 ㄱㄴㅂㅁ을 찾고 점 ㅂ과 선분 ㄱㅁ의 중점을 잇는 선분을 그립니다.

선분 ③과 선분 ④도 위와 같은 방법으로 그리면 다음과 같습니다.

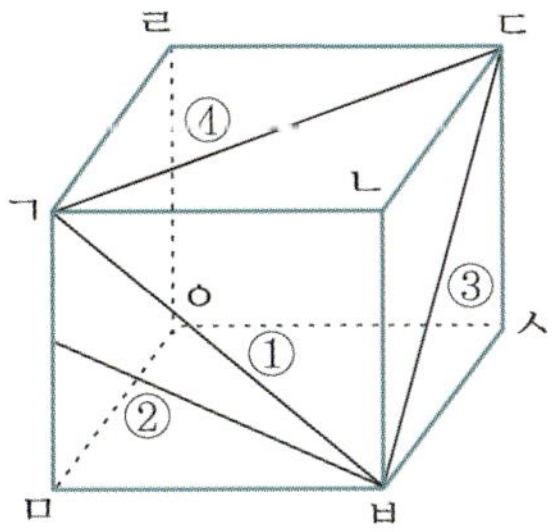

➔

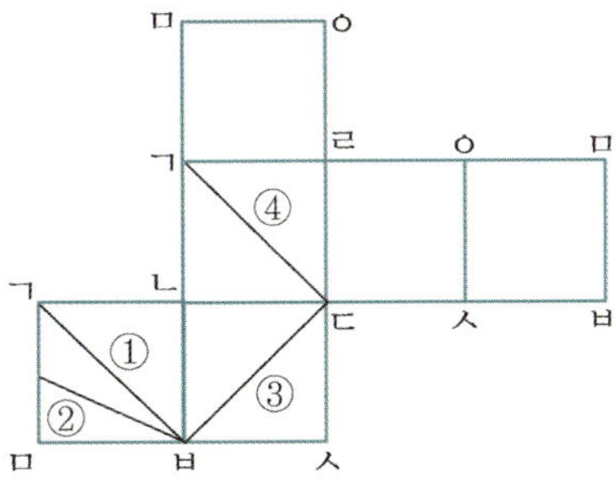

26 답 x와 y의 길이의 합 : 18 cm, 풀이 참조

방법 1) i) x와 y의 길이의 합

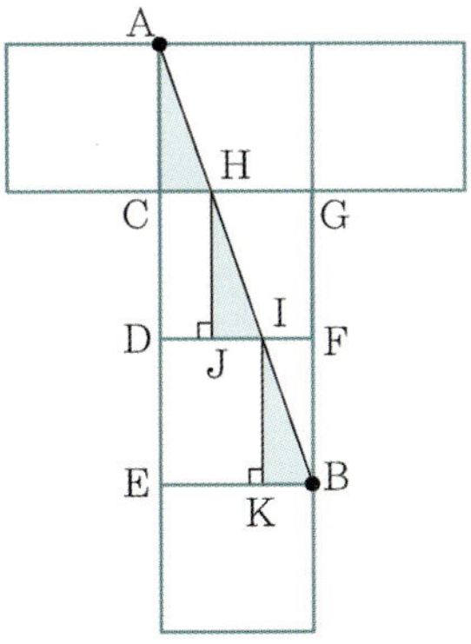

선분 AB와 선분 CG, 선분 DF와 만나는 점을 각각 점 H, I라 하고, 점 H에서 선분 DF에 내린 수선의 발을 J, 점 I에서 선분 EB에 내린 수선의 발을 K라 하면, 삼각형 ACH와 삼각형 HJI와 삼각형 IKB는 합동인 삼각형입니다. (한 변의 길이와 양 끝 각이 각각 같기 때문입니다.) 따라서,

(선분 CH) = (선분 JI) = (선분 KB)

= (선분 EB) ÷ 3 = 18 ÷ 3 = 6이므로

$x = 6\text{cm}$, $y = 6 \times 2 = 12\text{cm}$ 입니다.

∴ $x + y = 18\text{cm}$ 입니다.

(수선의 발이란 수선과 일정한 직선이나 평면이 만나는 점을 말합니다.)

ii) 점 A에서 점 B까지 세 개의 면을 거쳐 선을 이었으므로 정육면체에서 세 개의 면을 지나면서 가는 길을 그리면 오른쪽 그림과 같습니다.

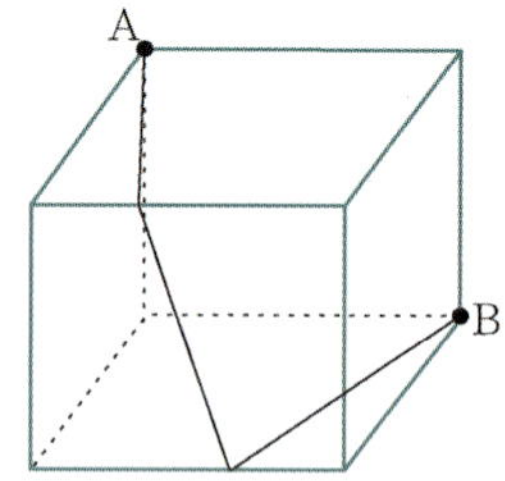

방법 2) i) x와 y의 길이의 합

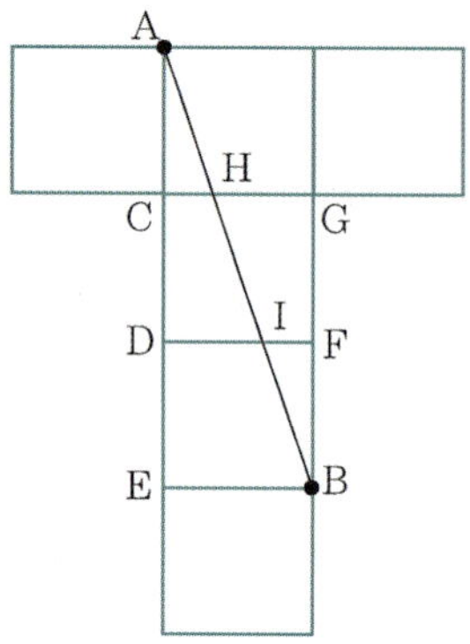

선분 AB와 선분 CG, 선분 DF와 만나는 점을 각각 점 H, I라 하면, 삼각형 ACH와 삼각형 ADI와 삼각형 AEB는 1 : 2 : 3닮음입니다. 따라서

(선분 CH) : (선분 DI) : (선분 EB) = 1 : 2 : 3이므로

$x = 18 \times \frac{1}{3} = 6\text{cm}$, $y = 18 \times \frac{2}{3} = 12\text{cm}$ 입니다.

$\therefore\ x + y = 18\text{cm}$ 입니다.

27 **답** 예)

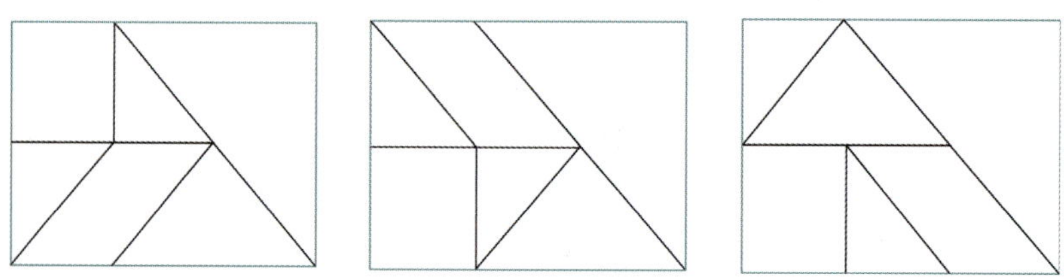

28 **답** (1)

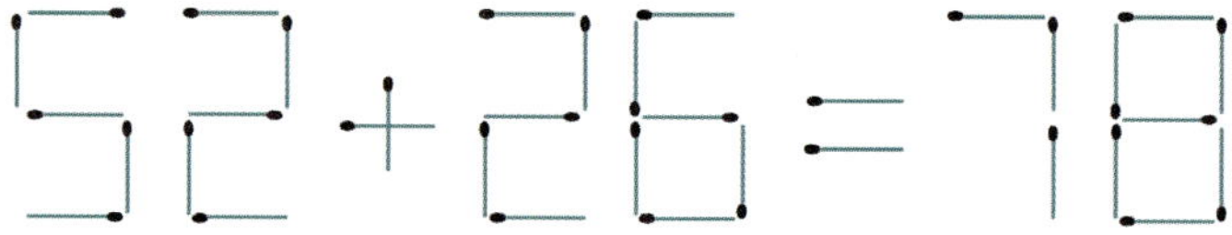

(2)

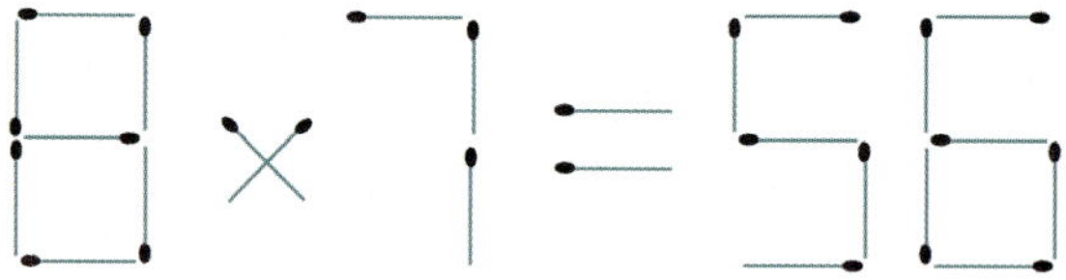

29 **답** 른

접은 종이를 펼칠 때 선대칭으로 모양이 옮겨가기 때문에 마지막부터 거꾸로 그려보면 다음과 같습니다.(화살표 '↷'의 방향은 종이를 접은 방향이므로 반대 방향으로 종이가 펼쳐집니다.)

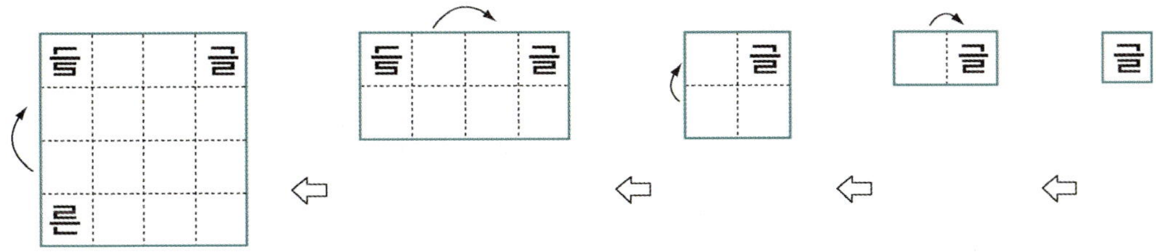

30 **답** 풀이 참고 (2) 4개 (3) 4개

(1) 접은 종이를 펼칠 때 선대칭으로 모양이 옮겨가기 때문에 마지막부터 거꾸로 그려보면 다음과 같습니다.(화살표 '↶'의 방향은 종이를 접은 방향이므로 반대 방향으로 종이가 펼쳐집니다.)

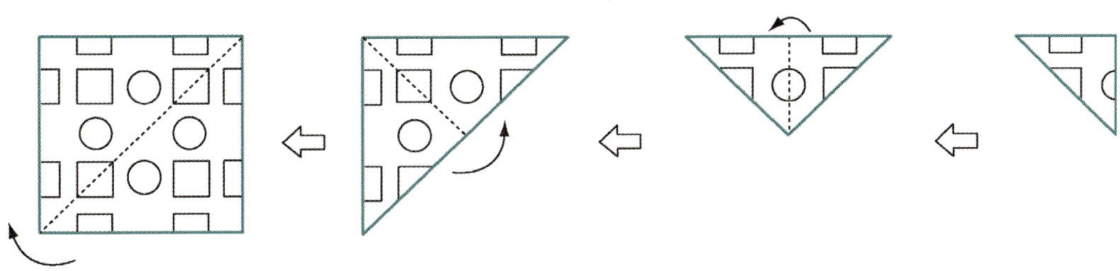

따라서 종이를 펼쳤을 때 다음과 같은 모양이 나타납니다.

31 답 5번

<table>
<tr><td>1번</td><td colspan="6">(85)개를
(28) (28) (29)
A B</td></tr>
<tr><td rowspan="2">2번</td><td colspan="3">A 또는 B 쪽으로 기운다면, 기운 쪽에 있는 다이아몬드</td><td colspan="3">A = B 라면, 저울 위에 올리지 않은 다이아몬드</td></tr>
<tr><td colspan="3">(28)개를
(9) (9) (10)
C D</td><td colspan="3">(29)개를
(10) (10) (9)
E F</td></tr>
<tr><td rowspan="2">3번</td><td>C 또는 D</td><td colspan="2">C = D</td><td colspan="2">E 또는 F</td><td>E = F</td></tr>
<tr><td>(9)개를
(3) (3) (3)
G H</td><td colspan="2">(10)개를
(3) (3) (4)
I J</td><td colspan="2">(10)개를
(3) (3) (4)
K L</td><td>(9)개를
(3) (3) (3)
M N</td></tr>
<tr><td rowspan="2">4번</td><td>G 또는 H,
G = H</td><td>I 또는 J</td><td>I = J</td><td>K 또는 L</td><td>K = L</td><td>M 또는 N,
M = N</td></tr>
<tr><td>(3)개를
(1) (1) (1)</td><td>(3)개를
(1) (1) (1)</td><td>(4)개를
(2) (2)
O P</td><td>(3)개를
(1) (1) (1)</td><td>(4)개를
(2) (2)
Q R</td><td>(3)개를
(1) (1) (1)</td></tr>
<tr><td>5번</td><td>→ 기운쪽이 무거운 다이아몬드입니다.
어느 쪽으로도 기울지 않았다면 남은 1개가 무거운 다이아몬드입니다.</td><td>→ 기운쪽이 무거운 다이아몬드입니다.
어느 쪽으로도 기울지 않았다면 남은 1개가 무거운 다이아몬드입니다.</td><td>기운 쪽
(2)개를
(1) (1)
→ 기운쪽이 무거운 다이아몬드입니다.</td><td>→ 기운쪽이 무거운 다이아몬드입니다.
어느 쪽으로도 기울지 않았다면 남은 1개가 무거운 다이아몬드입니다.</td><td>기운 쪽
(2)개를
(1) (1)
→ 기운쪽이 무거운 다이아몬드입니다.</td><td>→ 기운쪽이 무거운 다이아몬드입니다.
어느 쪽으로도 기울지 않았다면 남은 1개가 무거운 다이아몬드입니다.</td></tr>
</table>

32 **답** A : 5000원, B : 1000원, C : 3000원

	A	B	C
	5000	⑧ 1000	⑦ 3000
C가 B에게 자신이 갖고 있는 돈의 $\frac{1}{3}$을 줌 ↓			
	⑤ 5000	⑥ 2000	2000
A가 B에게 자신이 갖고 있는 돈의 $\frac{1}{2}$을 줌 ↓			
	④ 2500	③ 4500	2000
B가 A에게 자신이 갖고 있는 돈의 $\frac{1}{9}$을 줌 ↓			
	3000	① 4000	② 2000
B가 C에게 자신이 갖고 있는 돈의 $\frac{1}{4}$을 줌 ↓			
	3000	3000	3000

① B가 C에게 가지고 있던 돈의 $\frac{1}{4}$을 주고 난 후에 남은 돈이 3000원이므로 주기 전 갖고 있던 돈은 $3000 \div 3 \times 4 = 4000$원입니다.

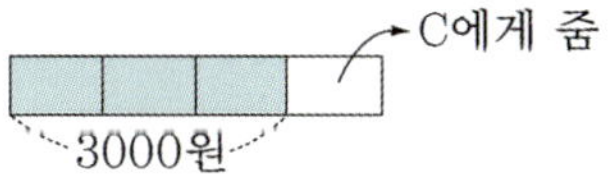

② ①에서 B가 C에게 준 돈이 1000원이므로 C가 B에게 돈을 받기 전에는 $3000 - 1000 = 2000$원입니다.

③ B가 A에게 가지고 있던 돈의 $\frac{1}{9}$을 주고 난 후에 남은 돈이 4000원이므로 주기 전 갖고 있던 돈은 $4000 \div 8 \times 9 = 4500$원입니다.

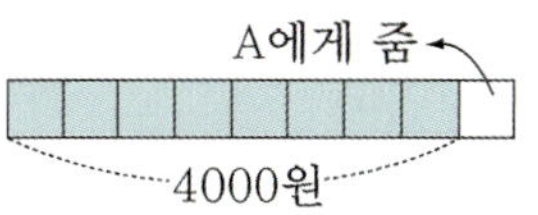

④ ③에서 B가 A에게 준 돈이 500원이므로 A가 B에게 돈을 받기 전에는 $3000 - 500 = 2500$원입니다.

⋮

위와 같은 방법으로 ⑤, ⑥, ⑦, ⑧번의 칸도 채워보면 처음 세 사람이 각각 갖고 있던 돈은 A는 5000원, B는 1000원, C는 3000원입니다.

33 **답** 308cm^3

그림과 같이 가로의 길이를 a cm, 세로의 길이를 b cm, 높이의 길이를 c cm라 하면,

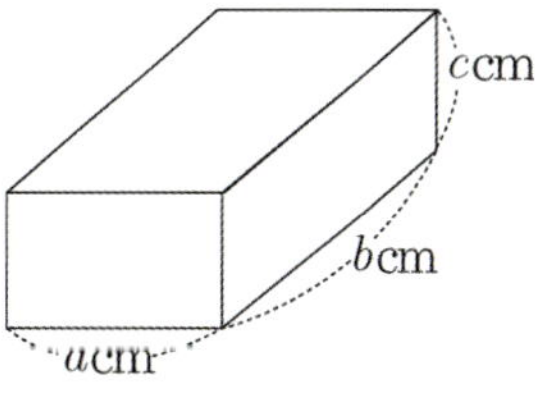

(가) $a \times 4 + b \times 4 + c \times 8 = 104$

(나) $a \times 4 + b \times 4 + c \times 4 = 88$

(다) $a \times 10 + b \times 6 + c \times 8 = 168$ 입니다.

(가)－(나)를 하면,

$$\begin{array}{rr} & a\times4+b\times4+c\times8=104 \\ -) & a\times4+b\times4+c\times4=88 \\ \hline & c\times4=16 \end{array}$$

$\therefore\ c=4\text{cm}\ \cdots$ ①

(나)÷4를 하면 $a+b+c=22$이고, 식 ① $c=4$를 대입하면

$a+b+4=22 \rightarrow a+b=18\ \cdots$ ②

(다)÷2를 하면 $a\times5+b\times3+c\times4=84$이고, 식 ① $c=4$를 대입하면

$a\times5+b\times3+4\times4=84 \rightarrow a\times5+b\times3=68\ \cdots$ ③

②×5－③을 하면,

$$\begin{array}{rr} & a\times5+b\times5=90 \\ -) & a\times5+b\times3=68 \\ \hline & b\times2=22 \end{array}$$

$\therefore\ b=11\text{cm}\ \cdots$ ④

④의 식을 ②의 식에 대입하면 $a+11=18 \rightarrow a=7$

따라서 $a=7\text{cm}$, $b=11\text{cm}$, $c=4\text{cm}$이므로 직육면체의 부피는 $7\times11\times4=308\text{cm}^3$입니다.

34 **답** 80°

점 O를 지나고 선분 AD와 선분 BC에 평행한 직선 l을 그리고 직선 l이 선분 AB와 만나는 점을 P라 하면,

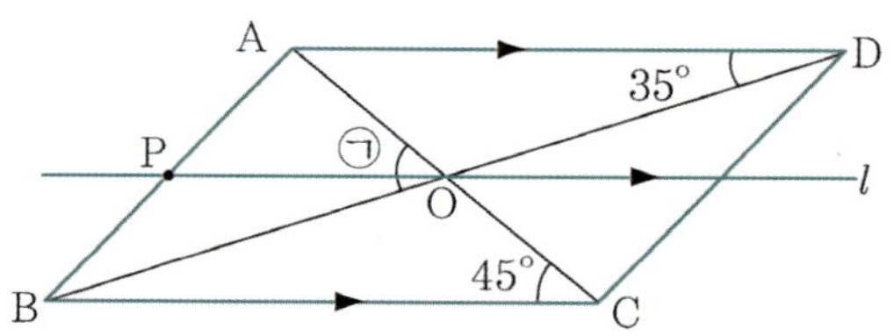

각 AOP＝각 OCB＝45° (∵ 동위각)

각 POB＝각 ADO＝35° (∵ 동위각)

∴ 각 ㉠＝각 AOP＋각 POB＝45°＋35°＝80°

35 **답** 37°

점 C를 지다고 직선 가, 나에 평행한 직선 다를 그리고 직선 다와 선분 AB가 만나는 점을 G라 하면,

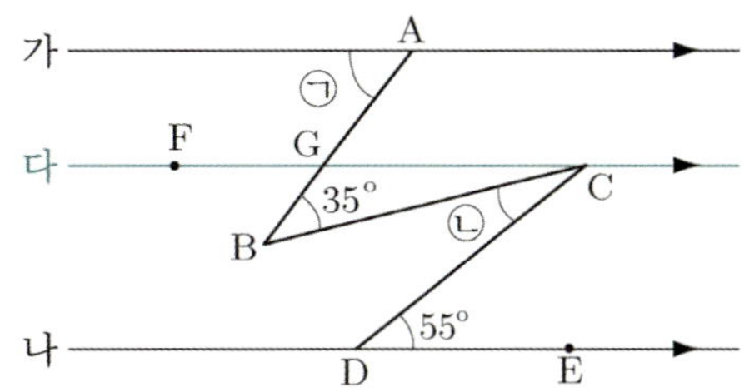

각 FGB = ㉠ (∵ 동위각) ⋯ ①

각 GCD = 각 CDE = 55° (∵ 엇각) 이므로

각 GCB = 각 GCD − ㉡ = 55° − ㉡ ⋯ ②

삼각형 GBC에서,

각 FGB = 각 GCB + 35°

→ ①, ②에 의해, ㉠ = 55° − ㉡ + 35°

→ ㉠ = ㉡ + 16° 이므로 이 식을 위의 식에 대입하면, ㉡ + 16° = 55° − ㉡ + 35°

→ ㉡ × 2 = 74°

∴ ㉡ = 37°

36 **답** (1) 120° (2) 84° (3) 16°

(1)

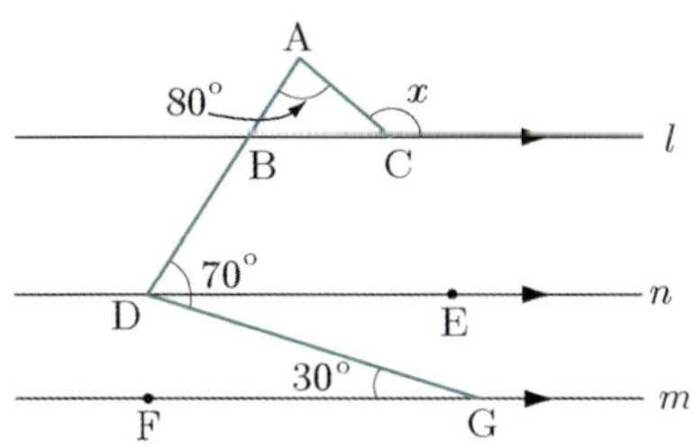

점 D를 지나고 직선 l, m과 평행한 직선 n을 그리면,

각 EDG = 각 DGF = 30° (∵ 엇각)

각 BDE = 70° − 각 EDG

= 70° − 30° = 40°

각 ABC = 각 BDE = 40° (∵ 동위각)

∴ 각 x = 80° + 각 ABC

= 80° + 40° = 120°

(2)

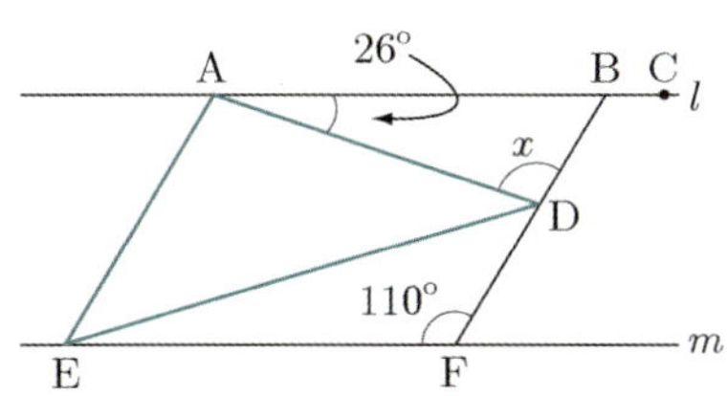

각 CBD = 각 EFD = 110° (∵ 엇각)

삼각형 ABD에서

26° + x = 각 CBD = 110° 이므로

∴ 각 x = 110° − 26° = 84°

(3)

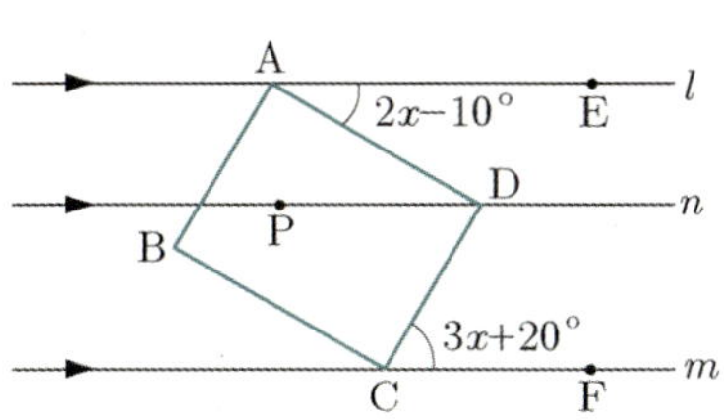

점 D를 지나고 직선 l, m에 평행한 직선 n을 그리면,

각 ADP = 각 EAD = $2x - 10°$ (∵ 엇각),

각 PDC = 각 DCF = $3x + 20°$ (∵ 엇각)

사각형 ABCD는 직사각형이므로

각 ADC = 각 ADP + 각 PDC = 90°

→ $2x - 10° + 3x + 20° = 90°$

→ $5x = 80°$

→ $x = 16°$

37 **답** 204

ⅰ) 9, 12, 15, 18, ⋯ , 102의 합

주어진 수열의 수들은 모두 3의 배수이므로 다음과 같이 나타내면,

$3\times3,\ 3\times4,\ 3\times5,\ 3\times6,\ \cdots,\ 3\times34$

따라서 주어진 수열의 수의 개수는 3부터 34까지의 자연수의 개수와 같으므로 $34-2=32$개입니다.

주어진 수열의 총합을 A라 하면,

$$\begin{array}{rl} A = & 9 + 12 + 15 + \cdots + 102 \\ +)\quad A = & 102 + 99 + 96 + \cdots + 9 \\ \hline A\times2 = & 111+111+111+\cdots+111 \\ = & 111\times32=3552 \end{array}$$

$\therefore\ A=3552\div2=1776$

ⅱ) 8, 12, 16, 20, ⋯ ,124의 합

주어진 수열의 수들은 모두 4의 배수이므로 다음과 같이 나타내면,

$4\times2,\ 4\times3,\ 4\times4,\ 4\times5,\ \cdots,\ 4\times31$

따라서 주어진 수열의 수의 개수는 2부터 31까지의 자연수의 개수와 같으므로 $31-1=30$개입니다.

주어진 수열의 총합을 B라 하면,

$$\begin{array}{rl} B = & 8 + 12 + 16 + \cdots + 124 \\ +)\quad B = & 124+120+116+\cdots+8 \\ \hline B\times2 = & 132+132+132+\cdots+132 \\ = & 132\times30=3960 \end{array}$$

$\therefore\ B=3960\div2=1980$

$\therefore\ 1980-1776=204$

38 **답** (1) 16303 (2) 16440

(1) ⅰ) 18부터 256까지의 자연수의 개수는 $256-17=239$개이고, (18부터 256까지의 자연수의 합)= A라 하면,

$$\begin{array}{rl} A = & 18 + 19 + 20 + \cdots + 256 \\ +)\quad A = & 256+255+254+\cdots+18 \\ \hline A\times2 = & 274+274+274+\cdots+274 \\ = & 274\times239=65486 \end{array}$$

$\therefore\ A=65486\div2=32743$

ii) 18부터 256까지의 짝수의 개수는 $18 = 2 \times 9$이고 $256 = 2 \times 128$이므로 $128 - 8 = 120$개이고, (18부터 256까지의 짝수의 합)$=$ B라 하면,

$$\begin{array}{rl} \mathrm{B} = & 18 + 20 + 22 + \cdots + 256 \\ +\big) \quad \mathrm{B} = & 256 + 254 + 252 + \cdots + 18 \\ \hline \mathrm{B} \times 2 = & 274 + 274 + 274 + \cdots + 274 \\ = & 274 \times 120 = 32880 \end{array}$$

$$\therefore \mathrm{B} = 32880 \div 2 = 16440$$

따라서 $32743 - 16440 = 16303$

(2) (18부터 256까지의 자연수의 합)$-$(18부터 256까지의 홀수의 합)

$=$(18부터 256까지의 짝수의 합)이므로 위의 ii)와 같이 16440입니다.

참고 (18부터 256까지의 홀수의 합)$= 19 + 21 + 23 + \cdots + 255$

위에서 더해진 수의 개수는 20부터 256까지 짝수의 개수와 같고 $20 = 2 \times 10$, $256 = 2 \times 128$이므로 $128 - 9 = 119$개입니다.

(18부터 256까지의 홀수의 합)$=$ A라 하면,

$$\begin{array}{rl} \mathrm{A} = & 19 + 21 + 23 + \cdots + 255 \\ +\big) \quad \mathrm{A} = & 255 + 253 + 251 + \cdots + 19 \\ \hline \mathrm{A} \times 2 = & 274 + 274 + 274 + \cdots + 274 \\ = & 274 \times 119 = 32606 \end{array}$$

$$\therefore \mathrm{A} = 32606 \div 2 = 16303$$

39 **답** 525

i) 백의 자리 숫자의 합

200부터 298까지 짝수의 개수는 $200 = 2 \times 100$, $298 = 2 \times 149$이므로 $149 - 99 = 50$개이고 백의 자리 숫자는 모두 2이므로

(백의 자리 숫자의 합)$= 2 \times 50 = 100$

ii) 십의 자리 숫자의 합

다음과 같이 십의 자리 숫자가 같은 수를 세로로 나열해보면,

	200	210	220	⋯	290
	202	212	222		292
	204	214	224		294
	206	216	226		296
	208	218	228	⋯	298
십의 자리 숫자의 합	0×5	1×5	2×5	⋯	9×5

(십의 자리 숫자의 합)$= 0\times5+1\times5+2\times5+\cdots+9\times5$

$=(1+2+3+\cdots 9)\times5=45\times5=225$

iii) 일의 자리 숫자의 합

위의 표에서 일의 자리 숫자들만 보면 0, 2, 4, 6, 8이 모두 10개씩 있으므로

(일의 자리 숫자의 합)$=(2+4+6+8)\times10=200$

따라서 i), ii), iii)에 의해 $100+225+200=525$입니다.

40 **답** 13456

i) 천의 자리 숫자의 합

천의 자리 숫자는 수 1000에 밖에 없으므로 1입니다.

ii) 백의 자리 숫자의 합

	100	200	⋯	900
	101	201		901
	102	202		902
	⋮	⋮		⋮
	199	299	⋯	999
백의 자리 숫자의 합	1×100	2×100	⋯	9×100

(백의 자리 숫자의 합)

$=1\times100+2\times100+\cdots+9\times100=(1+2+\cdots 9)\times100=4500$

iii) 십의 자리 숫자의 합

십의 자리 숫자가 1인 경우를 먼저 보면,

	10	110	⋯	910
	11	111		911
	12	112		912
	⋮	⋮		⋮
	19	119	⋯	913
개수	10개	10개	⋯	10개

→ 총 $10\times10=100$개

십의 자리 숫자가 2, 3, ⋯ , 9일 때도 이와 같이 반복됩니다. 따라서,

(십의 자리 숫자의 합)$=(1+2+\cdots+9)\times100=4500$

iv) 일의 자리 숫자의 합

일의 자리 숫자가 1인 경우를 먼저 보면,

		101	⋯	901
	11	111		911
	21	121		921
	⋮	⋮		⋮
	91	191	⋯	991
개수	9개	10개	⋯	10개

→ 총 $9+10\times9=99$개

일의 자리 숫자가 2, 3, ⋯ , 9일 때도 이와 같이 반복됩니다. 따라서,

(일의 자리 숫자의 합) $=(1+2+\cdots+9)\times99=4455$

따라서 i), ii), iii)에 의해 $1+4500+4500+4455=13456$입니다.

41 **답** 128

다음과 같이 16개의 수가 반복됩니다.

	1	2	3	4	5	6	7	8	9	10	11	12	13	14	15	16	17	18	19	20	21
가	1	2	3						17	18	19						33	34	35		
나			4						16		20						32		36		
다			5	6	7		13	14	15		21	22	23		29	30	31		37	38	39
라					8		12						24		28						40
마					9	10	11						25	26	27						41

표에서 반복되는 16개의 수 중 마지막 수를 기준으로 규칙을 살펴보면,

(나, 9) $=16$ → (나, $1+8$) $=16\times1$

(나, 17) $=32$ → (나, $1+8\times2$) $=16\times2$

(나, 25) $=48$ → (나, $1+8\times3$) $=16\times3$

⋮ ⋮

따라서 (나, 65) $=$ (나, $1+8\times8$)이므로 $16\times8=128$입니다.

42 **답** 200

숫자 1개를 쓰고 다음 숫자를 쓰기 전까지 걸린 시작은 총 $5+3=8$초이고 마지막 숫자를 쓴 후에는 쉬지 않기 때문에 마지막에도 쉬었다고 가정하면 총 걸린 시간은 3초를 더한 1시간 5분 36초입니다. 따라서 동생이 쓴 숫자의 개수는

(1시간 5분 36초) ÷ 8초 = (3936초) ÷ 8초 = 492개를 썼습니다.

수	수의 범위	수의 개수	쓴 숫자의 개수
① 한 자리 수	$1\sim9$	9개	9개
② 두 자리 수	$10\sim99$	$99-9=90$개	$90\times2=180$개

1 ~ 99까지 쓴 숫자의 개수는 $9+180=189$개이므로 세 자리 수를 쓰는 데 쓴 숫자의 개수는 $492-180=303$개 이므로 $303\div3=101$개의 수를 쓴 셈입니다. 따라서 101번째 세 자리 수는 $100+100=200$입니다.

43 **답** 514

수의 범위	수 및 숫자의 개수	숫자 4의 개수	4를 제외한 숫자의 개수
1 ~ 9	수 : 9개 숫자 : 9개	1개	$9-1=8$개
10 ~ 99	수 : $99-9=90$개 숫자 : $90\times2=180$개	① 일의 자리 : 14, 24, 34, ⋯ , 94 → 9개 ② 십의 자리 : 40, 41, 42, ⋯ , 49 → 10개 ∴ $9+10=19$개	$180-19=161$개
100 ~ 499	수 : $499-99=400$개 숫자 : $400\times3=1200$개	① 일의 자리 104 114 ⋯ 194 204 214 ⋯ 294 304 314 ⋯ 394 404 414 ⋯ 494 → $10\times4=40$개 ② 십의 자리 140 141 ⋯ 149 240 241 ⋯ 249 340 341 ⋯ 349 440 441 ⋯ 449 → $10\times4=40$개 ③ 백의 자리 : 400, 401, 402, ⋯ , 499 → 100개 ∴ $40+40+100=180$개	$1200-180$ $=1020$개
500 ~ 514	수 : $514-499=15$개 숫자 : $15\times3=45$개	504, 514에서 모두 2개	$45-2=43$개

따라서 1부터 514까지 4를 제외한 숫자의 개수가 모두 $8+161+1020+43=1232$개이므로 514까지 수를 쓴 것입니다.

44 **답**

순서	1	2	3	4	5	⋯
개수	7	12	18	25	33	⋯

, $\dfrac{(n+6)\times(n+1)}{2}$

또는 $\dfrac{(n+4)\times(n+3)}{2}-3$ 또는 $\dfrac{(n+3)\times(n+2)}{2}+n$

방법 1)

그림	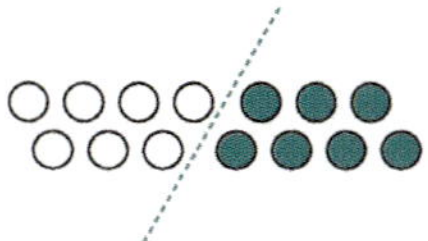	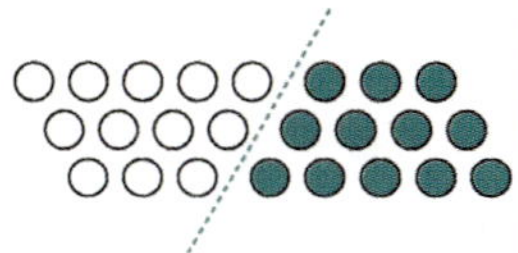	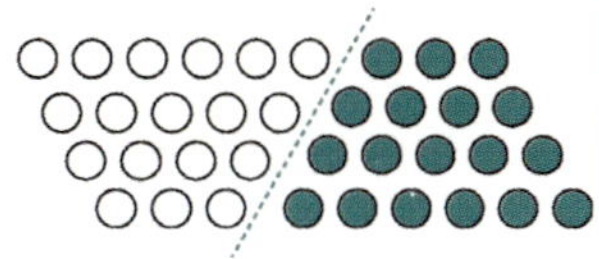	…
개수	$7\times2\div2$	$8\times3\div2$	$9\times4\div2$	
	(첫번째)	(두번째)	(세번째)	…

따라서 (n번째 ○ 의 개수)$=(n+6)\times(n+1)\div2=\dfrac{(n+6)\times(n+1)}{2}$

방법 2)

그림	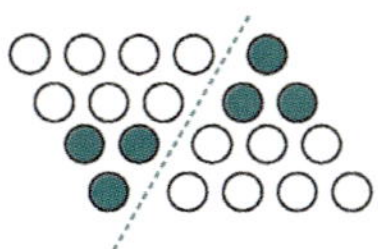	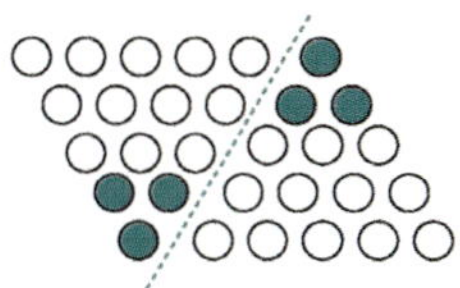	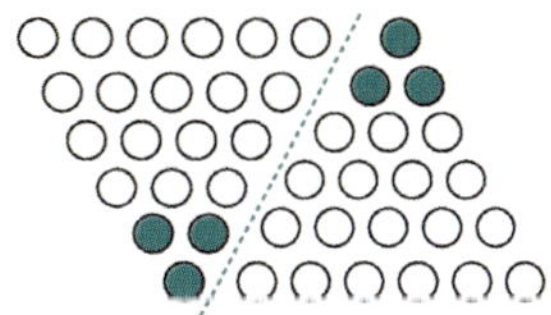	…
개수	$5\times4\div2-3$	$6\times5\div2-3$	$7\times6\div2-3$	
	(첫번째)	(두번째)	(세번째)	…

따라서 (n번째 ○ 의 개수)$=(n+4)\times(n+3)\div2-3=\dfrac{(n+4)\times(n+3)}{2}-3$

방법 3)

그림	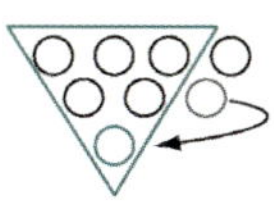	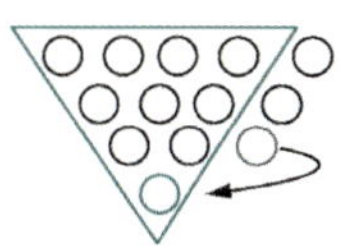	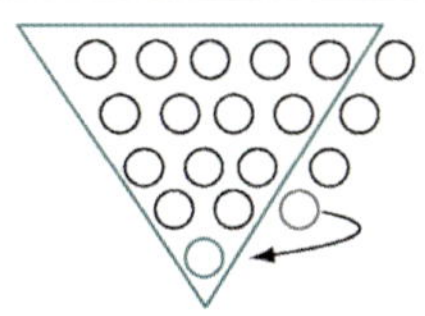	…
개수	$(1+2+3)+1$	$(1+2+3+4)+2$	$(1+2+3+4+5)+3$	
	(첫번째)	(두번째)	(세번째)	…

따라서 (n번째 ○ 의 개수)$=\{1+2+\cdots+(n+2)\}+n=\dfrac{(n+3)\times(n+2)}{2}+n$

45 답 (1)

순서	1	2	3	…
바둑돌의 수	13	25	41	…

(2) $(n+2)\times(n+2)+(n+1)\times(n+1)$ 또는 $(n+2)\times(n+1)\times2+1$ 또는 $(n+2)\times(n\times2+2)+1$

(3) 925개

방법 1)

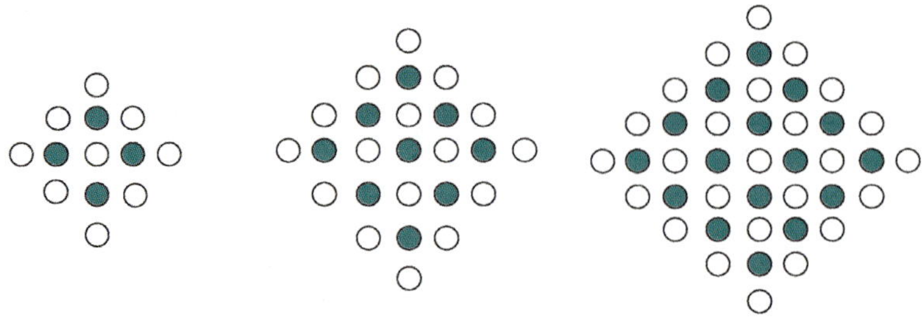

$3\times3+2\times2$	$4\times4+3\times3$	$5\times5+4\times4$	
(첫번째)	(두번째)	(세번째)	…

따라서 (n번째 ○ 의 개수)$=(n+2)\times(n+2)+(n+1)\times(n+1)$

(3) (20번째 ○ 의 개수)$=22\times22+21\times21=925$

방법 2)

$(1+2)\times4+1$	$(1+2+3)\times4+1$	$(1+2+3+4)\times4+1$	
(첫번째)	(두번째)	(세번째)	…

따라서

(n번째 ○ 의 개수)$=\{1+2+\cdots+(n+1)\}\times4+1$

$$=\left\{\frac{(n+2)\times(n+1)}{2}\right\}\times4+1=(n+2)\times(n+1)\times2+1$$

방법 3)

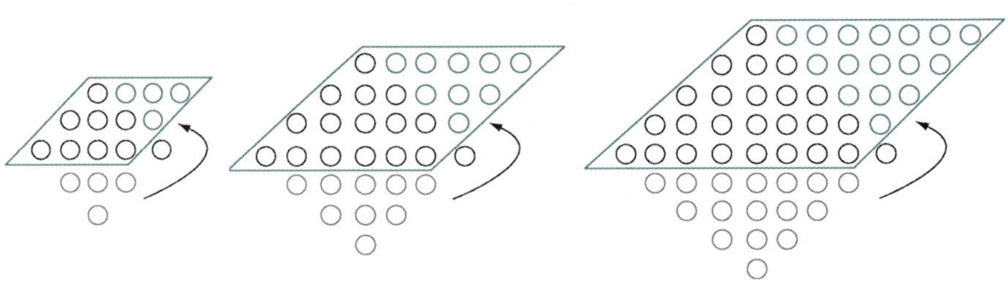

$3\times4+1$	$4\times6+1$	$5\times8+1$	
(첫번째)	(두번째)	(세번째)	…

따라서

(n번째 ○의 개수) $=(n+2)\times(n\times2+2)+1$

46 **답** 8997000개

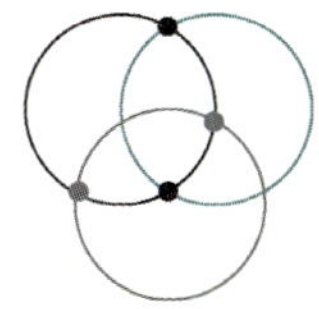

한 원이 다른 원 하나와 만날 때마다 2개의 교점이 생깁니다. 그리고 교점이 최대일 때는 한 점에서 세 개 이상의 원이 만나지 않을 때입니다.

3000개의 원이 겹쳐있다면 한 원당 2999개의 원과 만나기 때문에 한 원을 기준으로 볼 때 교점은 최대 $2999\times2=5998$개가 생깁니다.

이렇게 3000개의 원을 각각 기준으로 교점을 세어보면 한 교점 당 두 번씩 세게 되므로 총 교점의 개수는

$5998\times3000\div2=8997000$개입니다.

참고 원이 n개 겹쳐 있을 때 교점의 최대 개수는 다음과 같이 구할 수 있습니다.

(한 원당 겹치게 되는 원의 개수)$\times\underline{2}\times$(원의 총 개수)$\div\underline{2}$

두 개의 원이 만났을 때 생기는 교점의 개수 / 교점을 중복해서 세는 횟수

$=(n-1)\times2\times n\div2=(n-1)\times n$

47 **답** 80개

모양		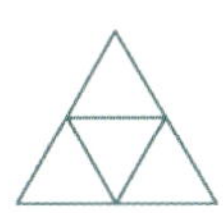	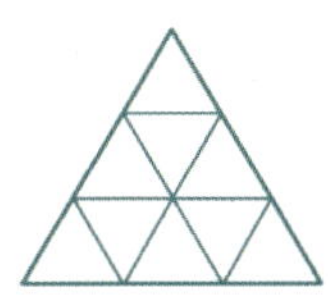	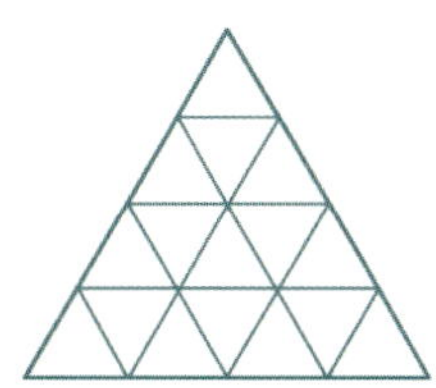
개수	43개	22개	11개	4개

따라서 크고 작은 정삼각형의 개수는 $43+22+11+4=80$개입니다.

48 답

성 \ 이름	솔이 (여)	민준 (남)	현진 (남)	유리 (여)	재경 (남)	국어	사회	과학	체육	수학
이	×	×	×	×	○	×	×	×	×	○
김	×	○	×	×	×	×	×	×	○	×
정	×	×	×	○	×	○	×	×	×	×
박	○	×	×	×	×	×	○	×	×	×
최	×	×	○	×	×	×	×	○	×	×
국어	×	×	×	○	×					
사회	○	×	×	×	×					
과학	×	×	○	×	×					
체육	×	○	×	×	×					
수학	×	×	×	×	○					

49 답

성 \ 이름	유비 (남)	초선 (여)	손권 (남)	복황후 (여)	푸아그라	샌드위치	닭구이	초밥
김	×	×	○	×	×	×	×	○
이	○	×	×	×	×	×	○	×
박	×	○	×	×	○	×	×	×
천	×	×	×	○	×	○	×	×
푸아그라	×	○	×	×				
샌드위치	×	×	×	○				
닭구이	○	×	×	×				
초밥	×	×	○	×				

50 **답** 풀이 참고

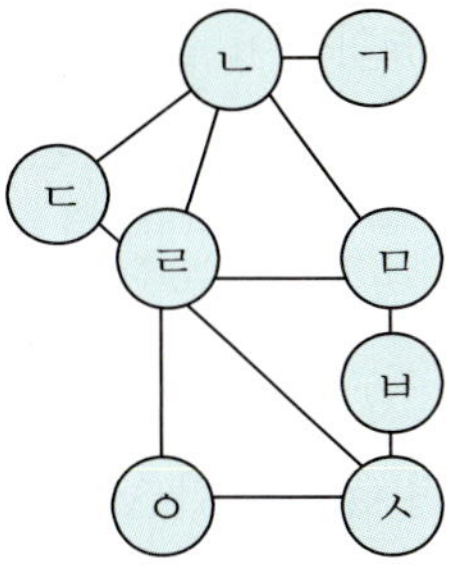

i) '4 ⇒ 1'이므로 ㉠ = 4, ㉡ = 1입니다.

ii) 가지가 제일 많이 연결된 곳은 ㉣으로 5개의 수의 합으로 이루어져야 합니다. 4를 제외한 다섯 개의 자연수의 합의 최솟값은 $1+2+3+5+6=17$로 합이 17이상인 수는 '6 ⇒ 19'이므로 ㉣ = 6입니다.

나머지 수들을 조건에 맞게 써넣으면 다음과 같습니다.

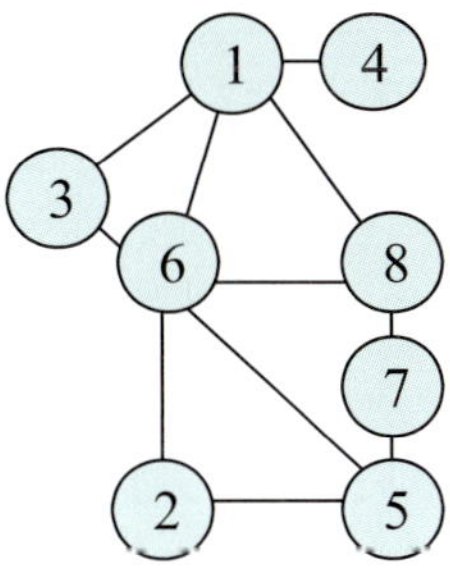

51 **답** 풀이 참고

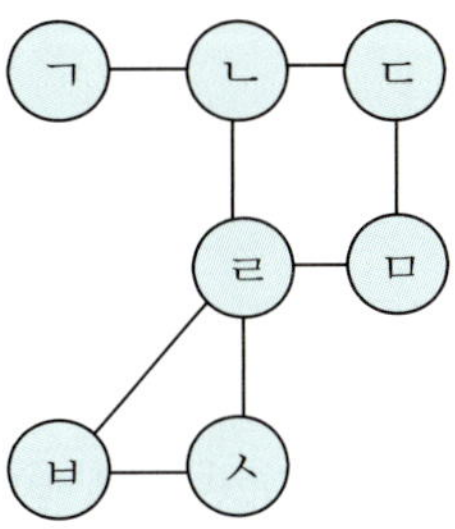

가지가 제일 많이 연결된 곳은 ㉣이고 '2 ⇒ 22'이므로 ㉣ = 2입니다.

그리고 2를 제외한 수들의 합은 $1+3+4+5+6+7=26$이므로 ㉠ + ㉢ = 26 − 22 = 4입니다. 4 = 1 + 3이고 '3 ⇒ 9'이므로 3은 ㉠에 들어갈 수 없기 때문에 ㉠ = 1, ㉢ = 3입니다.

나머지 수들을 조건에 맞게 써넣으면 다음과 같이 두 가지입니다.

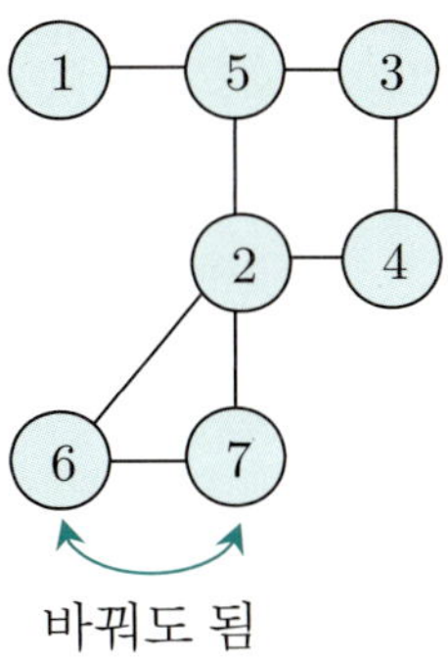

52 답 풀이 참고

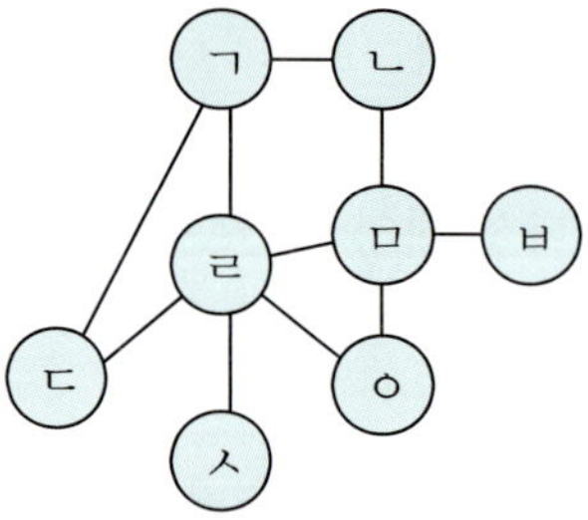

‘5 ⇒ 1’, ‘7 ⇒ 2’이므로 ㉥, ㉦에 5와 7이 들어가야 하고 그러면 ㉣, ㉤에 1과 2가 들어가야 합니다. 그런데 ‘2 ⇒ 25’이므로 2가 ㉤에 들어갈 경우 $1+7+$㉡$+$㉧$=25$를 만족하는 두 수 ㉡, ㉧을 찾을 수 없기 때문에 ㉣$=2$, ㉤$=1$, ㉥$=5$, ㉦$=7$입니다.

나머지 수들을 조건에 맞게 써넣으면 다음과 같습니다.

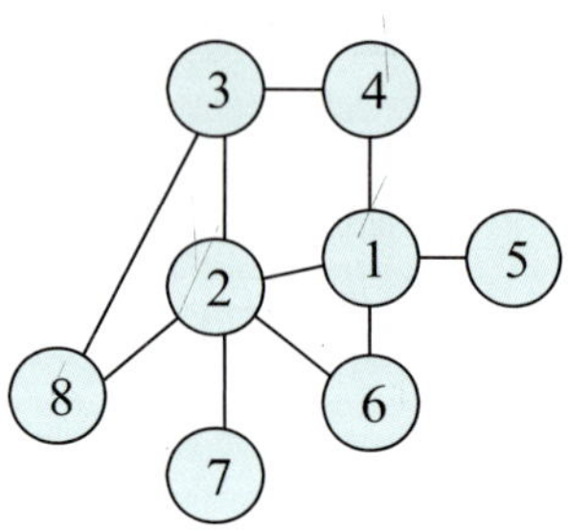

53 답 풀이 참고

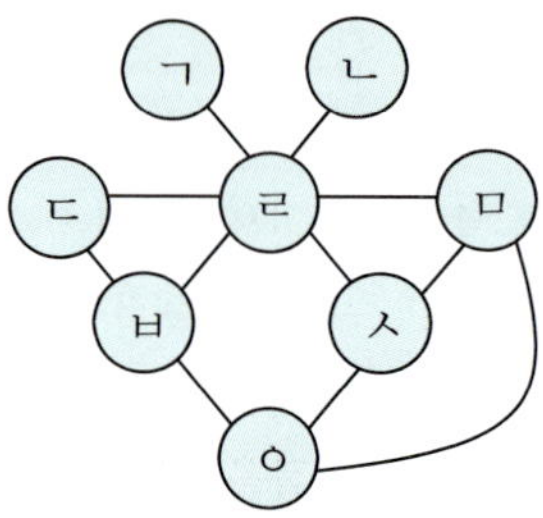

i) 1부터 8까지의 수만을 이용해야하므로 주위의 합이 8 이하로 나온 1과 6이 ㉠과 ㉡에 들어가야 합니다. 그러면 ㉣$=8$입니다.

ii) ‘8 ⇒ 26’이고 26은 ㉧과 자기 자신인 8을 제외한 수들의 합입니다. 8을 제외한 수들의 합은 $1+2+3+4+5+6+7=28$이므로 ㉧$=28-26=2$입니다.

iii) ‘2 ⇒ 15’이고 15는 ㉤, ㉥, ㉦의 합입니다. ㉢, ㉤, ㉥, ㉦에 들어 갈 수 있는 수는 3, 4, 5, 7이므로 ㉢$=3+4+5+7-15=4$입니다.

나머지 수들을 조건에 맞게 써넣으면 다음과 같이 네 가지입니다.

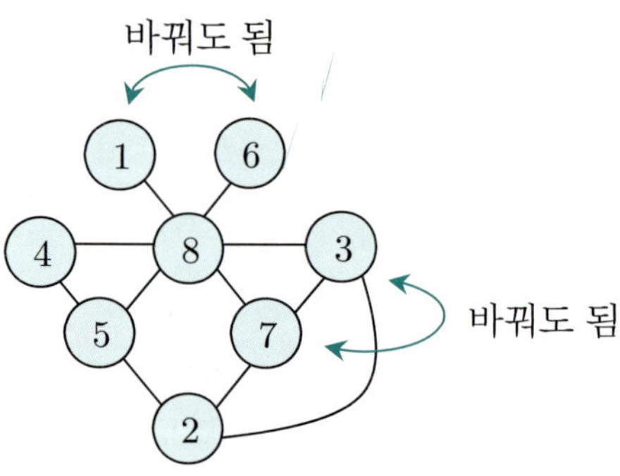

54 **답** 89가지

각 지점에 그 지점까지 갈 수 있는 경우의 수를 써나가면 다음과 같습니다.

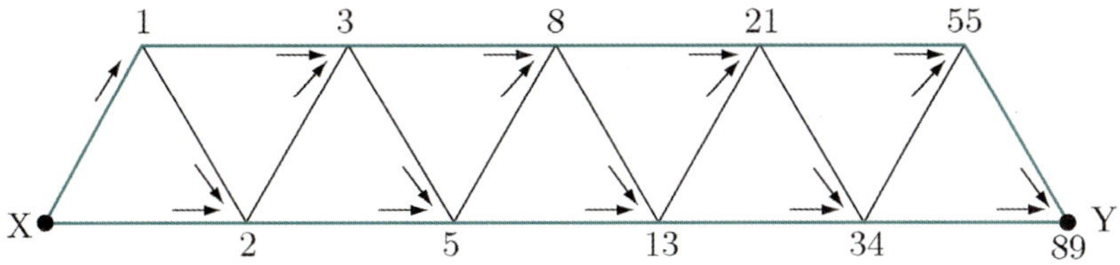

55 **답** 25가지

각 지점에 그 지점까지 최단거리로 갈 수 있는 경우의 수를 써나가면 다음과 같습니다.

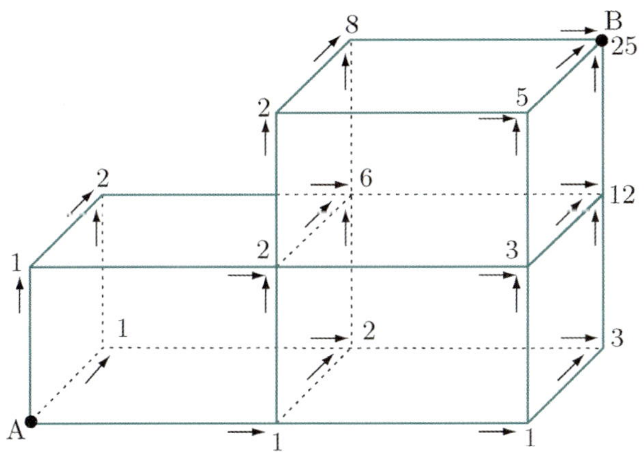

56 **답** (1)

0	0	2	0	3	4	4
		0		0	2	3
					0	2
						0
						0

(2) 20개

(2) $4 \times 2 + 3 \times 2 + 2 \times 3 = 20$개입니다.

57 **답** (1) 12549　(2) 9380

(1) 7부터 275까지의 자연수 중 3의 배수는

9, 12, 15, ⋯ , $273 = 3 \times 3,\ 3 \times 4,\ 3 \times 5,\ \cdots,\ 3 \times 91$이므로 이 수열의 수의 개수는 3부터 91까지의 자연수의 개수와 같으므로 $91 - 2 = 89$개입니다. 주어진 수열의

합을 A라 하면,

$$\begin{array}{rl} A = & 9 + 12 + 15 + \cdots + 273 \\ +\big) \quad A = & 273 + 270 + 267 + \cdots + 9 \\ \hline A \times 2 = & 282 + 282 + 282 + \cdots + 282 \\ = & 282 \times 89 = 25098 \end{array}$$

$\therefore\ A = 25098 \div 2 = 12549$

(2) 7부터 275까지의 자연수 중 4의 배수는
8, 12, 16, ⋯ , $272 = 4 \times 2,\ 4 \times 3,\ 4 \times 4,\ \cdots,\ 4 \times 68$이므로 이 수열의 수의 개수는 2부터 68까지의 자연수의 개수와 같으므로 $68 - 1 = 67$개입니다. 주어진 수열의 합을 B라 하면,

$$\begin{array}{rl} B = & 8 + 12 + 16 + \cdots + 272 \\ +\big) \quad B = & 272 + 268 + 264 + \cdots + 8 \\ \hline B \times 2 = & 280 + 280 + 280 + \cdots + 280 \\ = & 280 \times 67 = 18760 \end{array}$$

$\therefore\ B = 18760 \div 2 = 9380$

58 **답** 32가지

각 교차점에 그 지점까지 최단거리로 갈 수 있는 경우의 수를 써나가면 다음과 같습니다.

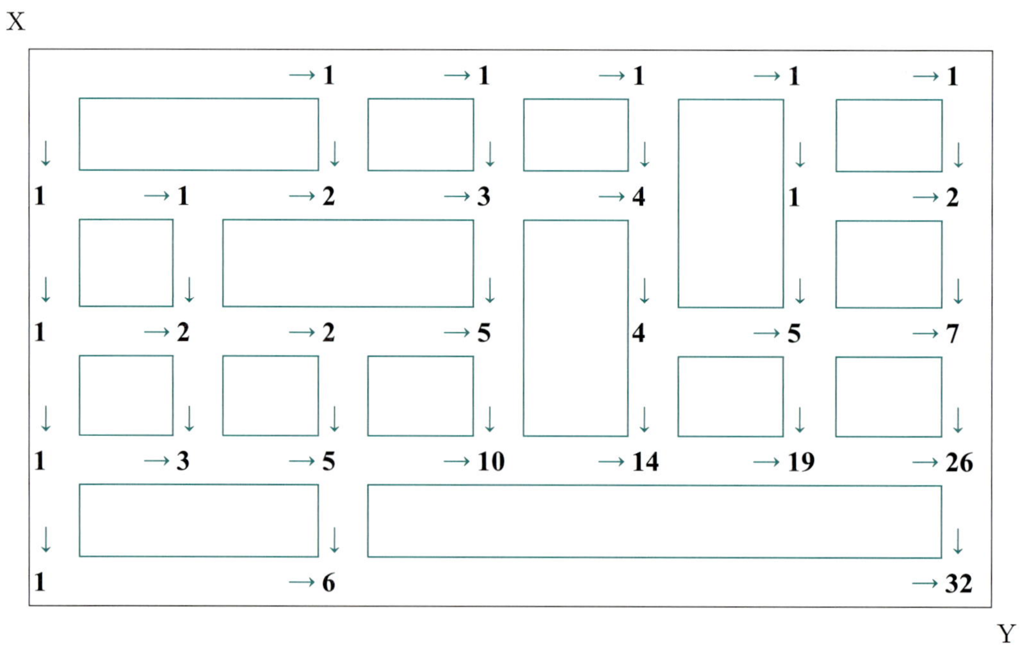

59 **답** 11350초

i) '×'를 치는 데 걸리는 시간

(× 의 개수) $= 1233 - 1 = 1232$개이므로 걸리는 시간은 $1232 \times 3 = 3696$초입니다.

ii) '='를 치는 데 걸리는 시간

'='의 개수는 1개이므로 걸리는 시간은 4초입니다.

iii) 수를 치는 데 걸리는 시간

수	수의 범위	수의 개수	친 숫자의 개수
① 한 자리 수	$1 \sim 9$	9개	9개
② 두 자리 수	$10 \sim 99$	$99 - 9 = 90$개	$90 \times 2 = 180$개
③ 세 자리 수	$100 \sim 999$	$999 - 99 = 900$개	$900 \times 3 = 2700$개
④ 네 자리 수	$1000 \sim 1233$	$1233 - 999 = 234$	$234 \times 4 = 936$개

1부터 1233까지 숫자의 개수는 $9 + 180 + 2700 + 936 = 3825$개이므로 걸리는 시간은 $3825 \times 2 = 7650$초입니다.

따라서 i), ii), iii)에 의해 $3696 + 4 + 7650 = 11350$초가 걸립니다.

60 **답** (박도연–107), (이윤서–102), (김도은–105), (고라희–103), (장하나–104), (설도현–106)

성 \ 이름	도연	윤서	도은	라희	하나	도현	102	103	104	105	106	107
설	×	×	×	×	×	○	×	×	×	×	○	×
장	×	×	×	×	○	×	×	×	○	×	×	×
이	×	○	×	×	×	×	○	×	×	×	×	×
김	×	×	○	×	×	×	×	×	×	○	×	×
고	×	×	×	○	×	×	×	○	×	×	×	×
박	○	×	×	×	×	×	×	×	×	×	×	○
102	×	○	×	×	×	×						
103	×	×	×	○	×	×						
104	×	×	×	×	○	×						
105	×	×	○	×	×	×						
106	×	×	×	×	×	○						
107	○	×	×	×	×	×						

난이도 중

나만의 수학문제-풀이

01 답 풀이 참고

주어진 수를 1부터 21까지의 서로 다른 자연수의 곱으로 표현해보면,

- $36=4\times9$
- $152=8\times19$
- $357=17\times21$
- $28=2\times14$
$=4\times7$
- $13=1\times13$
- $14=3\times16$
$=4\times12$
$=6\times8$
- $189=9\times21$
- $32=2\times16$
$=4\times8$
- $19=1\times19$
- $238=14\times17$
- $52=4\times13$
- $24=2\times12$
$=3\times8$
$=4\times6$

이므로 공통으로 곱해진 수를 찾아서 빈 칸에 알맞은 수를 써 넣으면 답은 다음과 같습니다.

9				4		36
		19			8	152
21			17			357
	2		14			28
		1		13		13
	16				3	48
189	32	19	238	52	24	

02 답 풀이 참고

주어진 수를 1부터 12까지의 서로 다른 자연수의 곱으로 표현해보면,

- $54=6\times9$
- $84=7\times12$
- $2=1\times2$
- $88=8\times11$
- $40=4\times10$
$=5\times8$
- $15=3\times5$
- $60=5\times12$
$=6\times10$
- $48=4\times12$
$=6\times8$
- $6=1\times6$
$=2\times3$
- $70=7\times10$
- $11=1\times11$
- $36=3\times12$
$=4\times9$

이므로 공통으로 곱해진 수를 찾아서 빈 칸에 알맞은 수를 써 넣으면 답은 다음과 같습니다.

	6				9	54
12			7			84
		2		1		2
	8			11		88
			10		4	40
5		3				15
60	48	6	70	11	36	

03 **답** 8개

1~9 까지의 숫자 중 좌, 우, 상, 하로 뒤집어도 변하지 않는 숫자는 1과 8입니다. 따라서 이 두 개의 숫자로 만들 수 있는 회문수는

① 세 자리 수: 111, 181, 818, 888

② 네 자리 수: 1111, 1881, 8118, 8888

이므로 총 8개입니다.

04 **답** 1100

세 자리 대칭수는 ★◇★(단, 같은 문자는 같은 수) 모양이고, 짝수가 되려면 '★ = (짝수)' 이어야 하므로 조건을 만족하는 가장 작은 세 자리 수는 202이고, 가장 큰 세 자리 수는 898입니다.

따라서 $202+898=1100$입니다.

05 **답** 28

네 자리 대칭수는 ★◇◇★(단, 같은 문자는 같은 수) 모양이고 0부터 9까지의 소수는 2, 3, 5, 7입니다. 따라서 조건에 맞는 네 자리 대칭수를 작은 수부터 나열하면 2222, 2332, 2552, 2772, …입니다. 따라서 네 번째로 작은 수는 2772이므로 ㉠ = 2, ㉡ = 7, ㉢ = 7, ㉣ = 2입니다.

∴ (㉠ × ㉡) + (㉢ × ㉣) = $(2\times7)+(7\times2)=28$

06 **답** 17424

방법 1) 중간수에서 뒤로 8번째 수가 124이므로 (중간수)=124+8=132입니다. 따라서 제시된 수들의 합을 그림과 같이 표현할 수 있습니다.

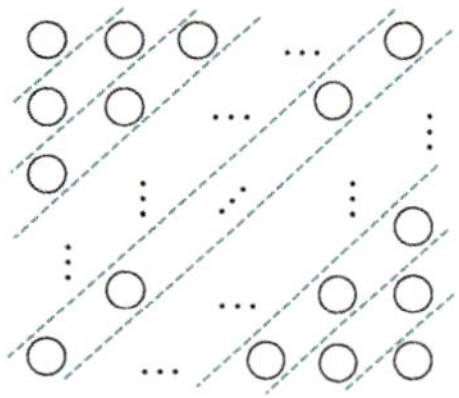

➔ $1+2+3+\cdots+131+132+131+\cdots+3+2+1$
$=132\times132=132^2=17424$

방법 2) 위에서부터 아래로 1, 2, 3, ⋯, 132까지 흰 원을 그리고 다시 위에서부터 131, 130, 129, ⋯, 1까지 검은 원을 그렸을 때 문제에 제시된 총합은 그림의 원의 총 개수와 같습니다. 그림에서 원의 개수를 세어 보면 가로로 132개, 세로로 132개이므로 $132\times132=132^2=17424$ 입니다.

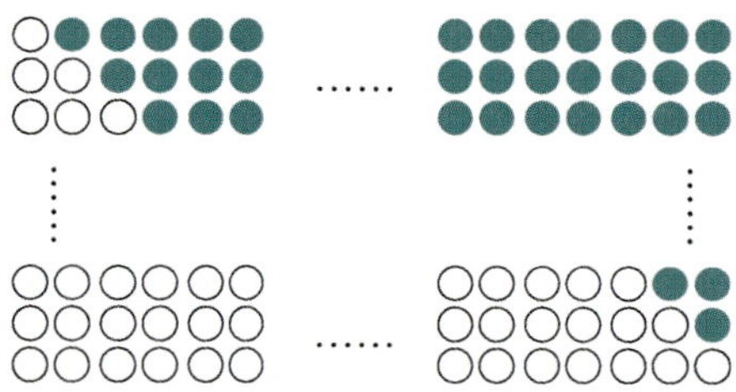

07 **답** 5000

방법 1) 문제에서 더해진 수를 보면 모두 2의 배수입니다. 따라서

$2+4+6+\cdots+98+100+98+\cdots+6+4+2$

$=2\times(1+2+3+\cdots+49+50+49+\cdots+3+2+1)$

이므로

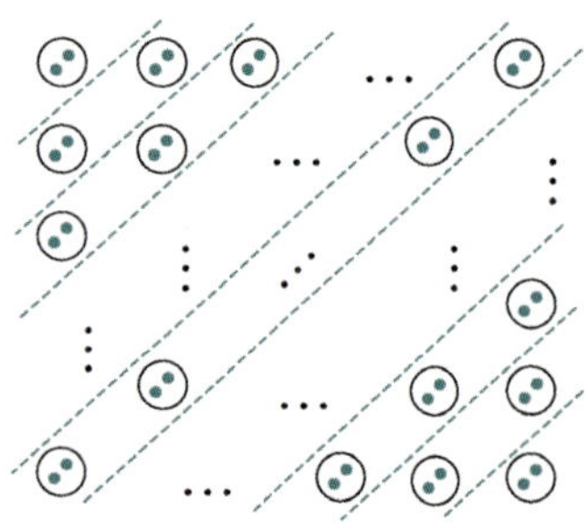

➔ $2\times(50\times50)=5000$

방법 2) 위에서부터 아래로 2, 4, 6, ⋯, 100까지 흰 원을 그리고 다시 위에서부터 98, 96, 94, ⋯, 2까지 검은 원을 그렸을 때 문제에 제시된 총합은 그림의 원의 총 개수와 같습니다. 그림에서 원의 개수를 세어 보면 가로로 100개, 세로로 50개이므로 $100\times50=5000$입니다.

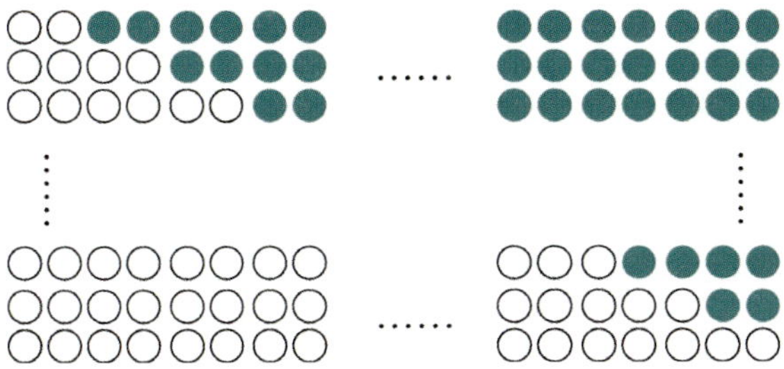

08 답

①

10	8	9
8		8
9	8	10

또는

10	7	10
8		8
9	9	9

또는

9	9	9
8		8
10	7	10

또는

9	8	10
8		8
10	8	9

②

10	7	10
7		7
10	7	10

09 답 풀이 참고

1부터 8까지의 자연수 중 합이 13이 되는 세 수를 찾아보면 (1, 4, 8),(1, 5, 7), (2, 3, 8), (2, 5, 6) 입니다. 이 수들을 조건에 맞게 써넣으면 답은 다음과 같이 두 가지입니다.

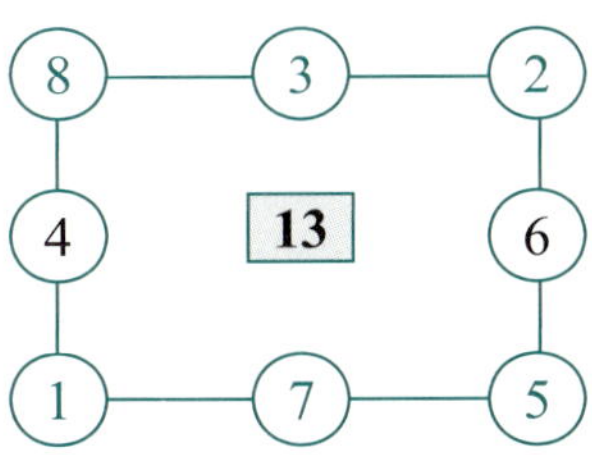

또는

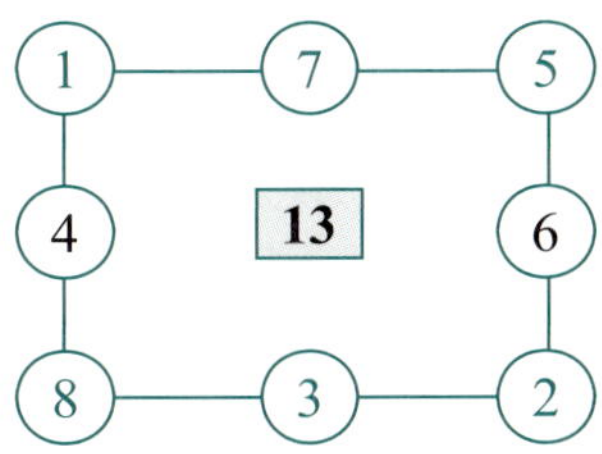

10 답 600

방법 1) 위에서부터 아래로 2, 4, 6, ⋯ 48개의 원을 그리면 원의 총 개수는 수열의 총합과 같습니다. 2, 4, 6, ⋯ 48개의 원을 아래에서부터 위로 또 한 번 그리면 가로로 $2+48=50$개, 세로로 $48\div2=24$개의 원으로 이루어진 직사각형 모양이 나타납니다. 이때 그려진 원의 총 개수는 주어진 수열의 총합의 두 배이므로 구하고자 하는 수열의 총합은 다음과 같이 구할 수 있습니다.

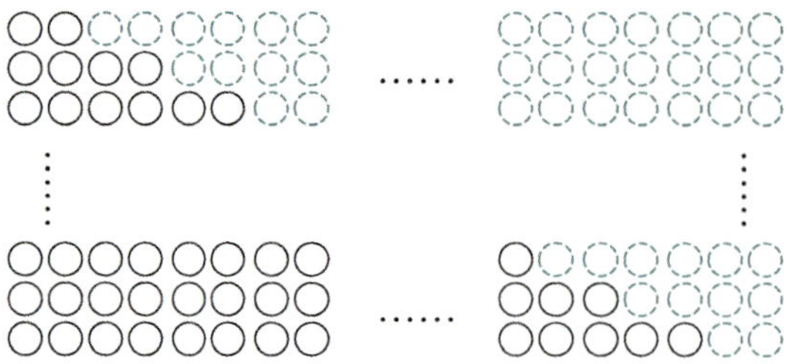

➔ $(2+48)\times 24\div 2=600$

방법 2) 원 2개를 가로로 그리고 4개, 6개, 8개, ⋯ , 48개를 직사각형 모양이 되도록 그려나가면 원의 총 개수는 수열의 총합과 같아집니다. 다음 그림은 원이 가로로 $48\div 2+1=25$개, 세로로 $48\div 2=24$이므로 구하고자 하는 수열의 총합은 다음과 같이 구할 수 있습니다.

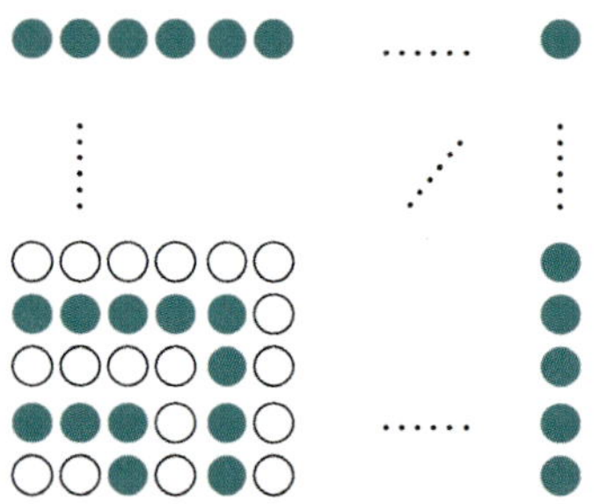

➔ $(48\div 2+1)\times(48\div 2)=600$

11 답 4번

컵을 홀수 번 뒤집으면 바르게 놓입니다.

12 **답** 3번

컵을 홀수 번 뒤집으면 바르게 놓이고 짝수 번 뒤집으면 처음 엎어져 있는 그대로 엎어지게 됩니다.

1번
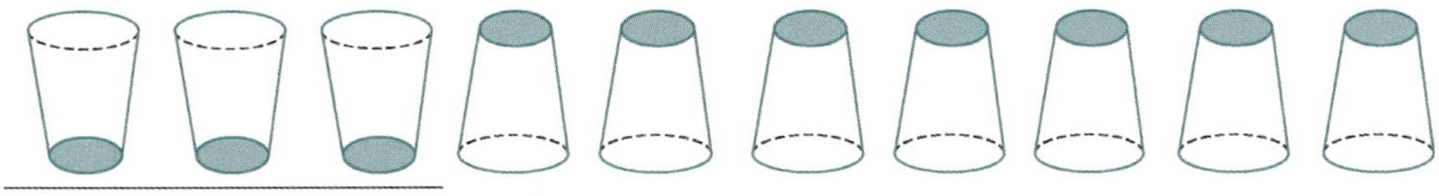

2번
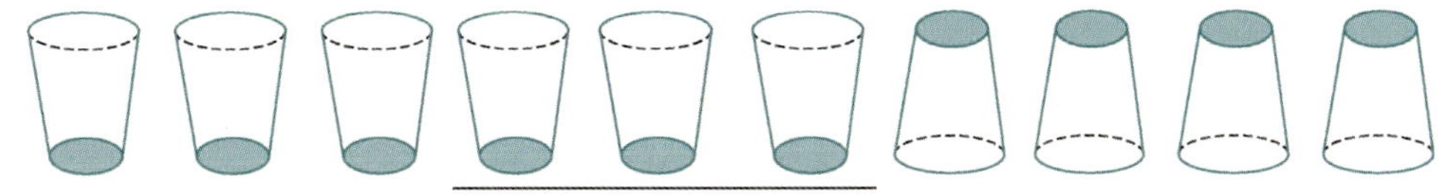

3번
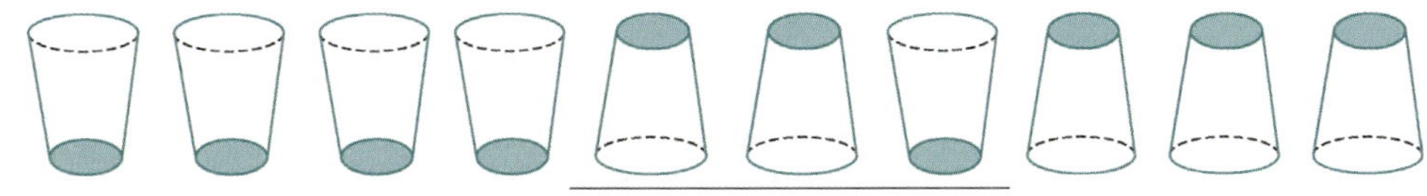

13 **답** 해결 방법 : 풀이 참고, 첫째 아들 : 6마리, 둘째 아들 : 4마리, 셋째 아들 : 1마리

$\frac{1}{2}$, $\frac{1}{3}$, $\frac{1}{12}$의 합은 $\frac{1}{2}+\frac{1}{3}+\frac{1}{12}=\frac{6}{12}+\frac{4}{12}+\frac{1}{12}=\frac{11}{12}$으로 1이 안됩니다. 만약 돼지 한 마리를 빌려와 돼지를 총 12마리로 만든다면 다음과 같이 아들 셋이 고조할아버지의 유언대로 나누어 가질 수 있고 빌려온 돼지를 다시 돌려줄 수 있습니다.

첫째 아들 : $12\times\frac{1}{2}=6$ 마리

둘째 아들 : $12\times\frac{1}{3}=4$ 마리

셋째 아들 : $12\times\frac{1}{12}=1$ 마리

14 **답** (1) $\frac{1}{2}$ (2) $\frac{1}{4}$ (3) $\frac{1}{8}$ (4) $\frac{1}{16}$ (5) $\frac{1}{32}$

옆집 노인에게 황소 한 마리를 빌려 오면 황소가 모두 32마리가 됩니다. ③의 조건에서 비율이 모두 단위분수로 나타나려면 아들들은 각각 32의 약수만큼 황소를 물려받아야 합니다. 그런데 처음 황소가 31마리였으므로 32의 약수 중 5개의 합이 31이 되는 경우를 찾으면 다음과 같습니다.

32의 약수 : 1, 2, 4, 8, 16, 32

합이 31이 되는 5개의 수 : 1, 2, 4, 8, 16

따라서 $\frac{31}{32}=\frac{1}{32}+\frac{2}{32}+\frac{4}{32}+\frac{8}{32}+\frac{16}{32}=\frac{1}{32}+\frac{1}{16}+\frac{1}{8}+\frac{1}{4}+\frac{1}{2}$이므로

(1) 첫째 아들 : $\frac{1}{2}$, (2) 둘째 아들 : $\frac{1}{4}$, (3) 셋째 아들 : $\frac{1}{8}$

(4) 넷째 아들 : $\frac{1}{16}$, (5) 다섯째 아들 : $\frac{1}{32}$ 입니다.

15 **답** 위에서부터 차례대로 28, 24, 29

V	W	X	W	28	①
X	W	W	V		
X	Y	W	X	28	②
X	Y	Y	X	26	③
30		27			
④		⑤			

③에서, $X \times 2 + Y \times 2 = 26 \rightarrow X + Y = 13$ ⋯ ㉠

⑤에서, $X + Y + W \times 2 = 27$이고 ㉠에 의해 $X + Y = 13$이므로 $13 + W \times 2 = 27 \rightarrow W = 7$ ⋯ ㉡

②에서, $X + Y + W + X = 28$이고 ㉠, ㉡에 의해 $X + Y = 13$, $W = 7$이므로 $13 + 7 + X = 28 \rightarrow X = 8$ ⋯ ㉢

㉠에서, $X + Y = 13$이고 ㉢에 의해 $X = 8$이므로 $8 + Y = 13 \rightarrow Y = 5$

④에서, $V + X \times 3 = 30$이고 ㉢에 의해 $X = 8$이므로 $V + 8 \times 3 = 30 \rightarrow V = 6$

따라서 $V = 6$, $W = 7$, $X = 8$, $Y = 5$이므로 빈 칸에 알맞은 수를 써넣으면 위에서부터 차례대로 28, 24, 29입니다.

16 **답** 288

i) A

① 가로로 분할하여 찾을 수 있는 ☆을 포함하는 직사각형의 개수

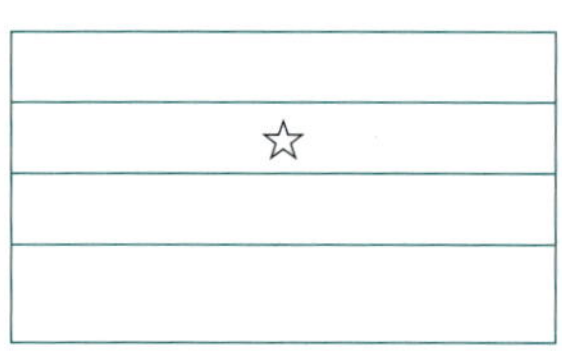

- 사각형 1 개로 만들어진 직사각형의 개수: 1개
- 사각형 2 개로 만들어진 직사각형의 개수: 2개
- 사각형 3 개로 만들어진 직사각형의 개수: 2개
- 사각형 4 개로 만들어진 직사각형의 개수: 1개

→ 모든 직사각형의 개수 : 6개

② 세로로 분할하여 찾을 수 있는 ☆을 포함하는 직사각형의 개수

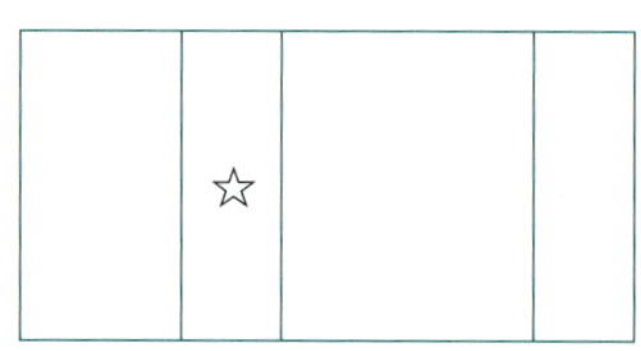

- 사각형 1 개로 만들어진 직사각형의 개수:1개
- 사각형 2 개로 만들어진 직사각형의 개수:2개
- 사각형 3 개로 만들어진 직사각형의 개수:2개
- 사각형 4 개로 만들어진 직사각형의 개수:1개

→ 모든 직사각형의 개수 : 6개

따라서 ☆을 포함한 직사각형의 개수 A = 6 × 6 = 36개입니다.

ii) B

① 가로로 분할하여 찾을 수 있는 △를 포함하는 직사각형의 개수

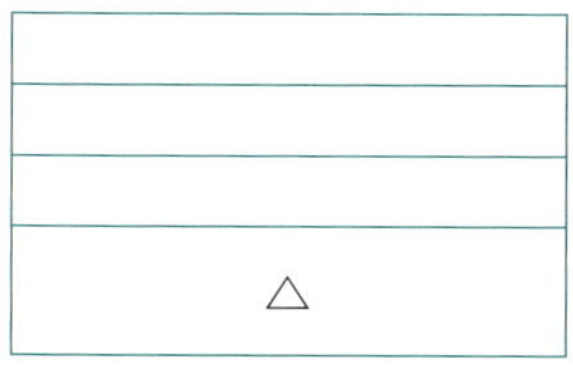

- 사각형 1개로 만들어진 직사각형의 개수: 1개
- 사각형 2개로 만들어진 직사각형의 개수: 1개
- 사각형 3개로 만들어진 직사각형의 개수: 1개
- 사각형 4개로 만들어진 직사각형의 개수: 1개

→ 모든 직사각형의 개수 : 4개

② 세로로 분할하여 찾을 수 있는 △를 포함하는 직사각형의 개수

- 사각형 1개로 만들어진 직사각형의 개수: 1개
- 사각형 2개로 만들어진 직사각형의 개수: 1개
- 사각형 3개로 만들어진 직사각형의 개수: 1개
- 사각형 4개로 만들어진 직사각형의 개수: 1개

→ 모든 직사각형의 개수 : 4개

따라서 △를 포함한 직사각형의 개수 B = 4 × 4 = 16개입니다.

∴ (삼각형의 넓이) $= 36 \times 16 \times \frac{1}{2} = 288$입니다.

17 답 (1) 30개 (2) 140개

(1)

① 세로로 분할하였을 때,

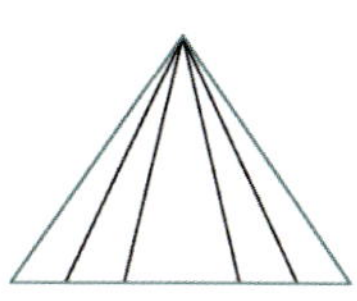

- 삼각형 1개로 만들어진 삼각형의 개수: 5개
- 삼각형 2개로 만들어진 삼각형의 개수: 4개
- 삼각형 3개로 만들어진 삼각형의 개수: 3개
- 삼각형 4개로 만들어진 삼각형의 개수: 2개
- 삼각형 5개로 만들어진 삼각형의 개수: 1개

→ 모든 삼각형의 개수 : 15개

② 가로로 분할하였을 때,

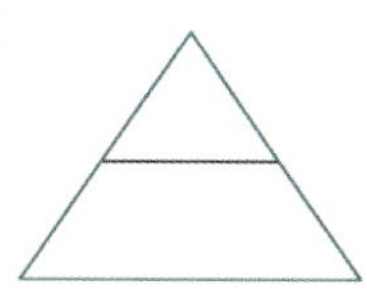

→ 크고 작은 삼각형의 개수 : 2개

따라서 크고 작은 삼각형은 모두 15 × 2 = 30개입니다.

(2)

① 세로로 분할하였을 때,

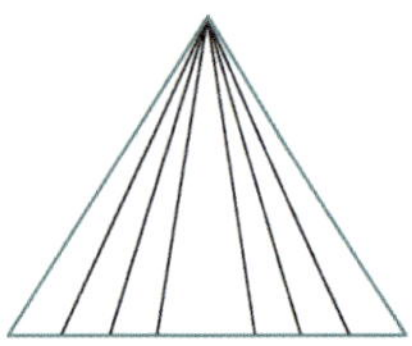

- 삼각형 1개로 만들어진 삼각형의 개수: 7개
- 삼각형 2개로 만들어진 삼각형의 개수: 6개
- 삼각형 3개로 만들어진 삼각형의 개수: 5개
- 삼각형 4개로 만들어진 삼각형의 개수: 4개
- 삼각형 5개로 만들어진 삼각형의 개수: 3개
- 삼각형 6개로 만들어진 삼각형의 개수: 2개
- 삼각형 6개로 만들어진 삼각형의 개수: 1개

→ 모든 삼각형의 개수: 28개

② 가로로 분할하였을 때,

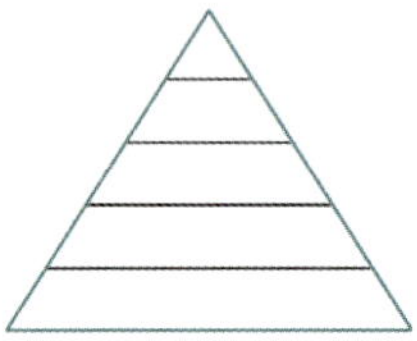

→ 크고 작은 삼각형의 개수 : 5개

따라서 크고 작은 삼각형은 모두 $28 \times 5 = 140$개입니다.

18 **답** 18개

① 세로로 분할하였을 때, ☆을 포함하는

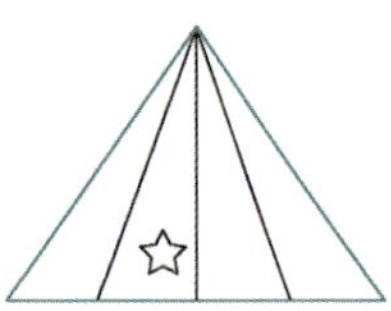

- 삼각형 1개로 만들어진 삼각형의 개수: 1개
- 삼각형 2개로 만들어진 삼각형의 개수: 2개
- 삼각형 3개로 만들어진 삼각형의 개수: 2개
- 삼각형 4개로 만들어진 삼각형의 개수: 1개

→ 모든 삼각형의 개수 : 6개

② 가로로 분할하였을 때, ☆을 포함하는

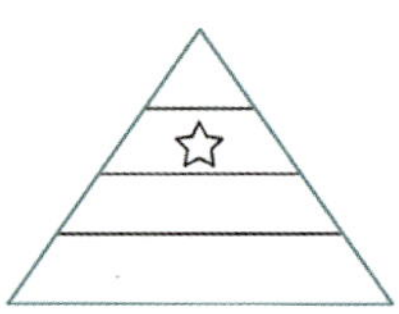

→ 크고 작은 삼각형의 개수 : 3개

따라서 ☆을 포함하고 있는 크고 작은 삼각형은 모두 $6 \times 3 = 18$개입니다.

19 답

(1) (2) (3) (4)

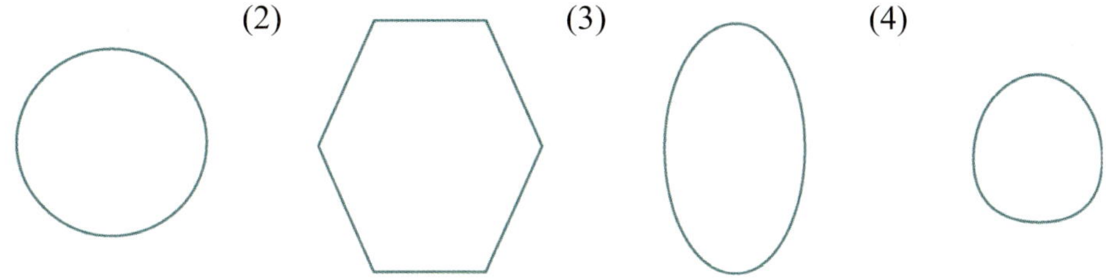

20 답

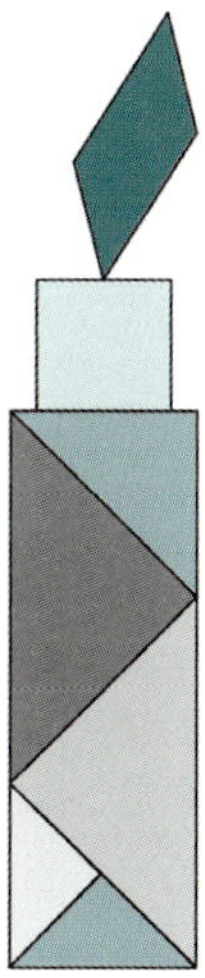

21 답

22 답 10개

한 가지 도형 여러 개로 평면을 빈틈없이 덮을 수 있는 도형은 다음과 같습니다.

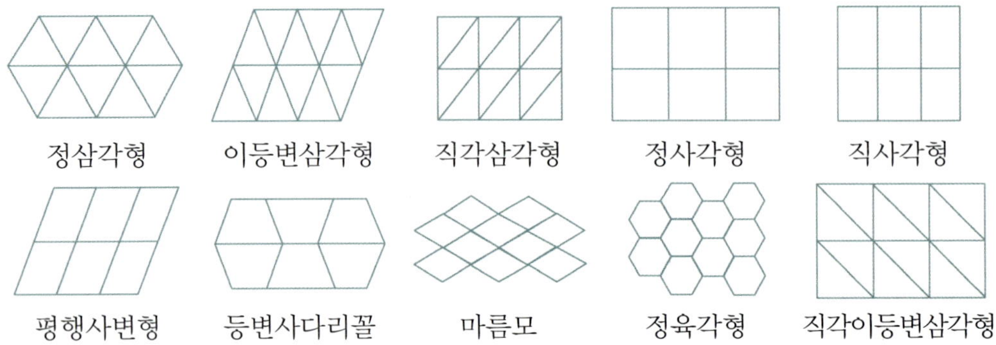

23 답

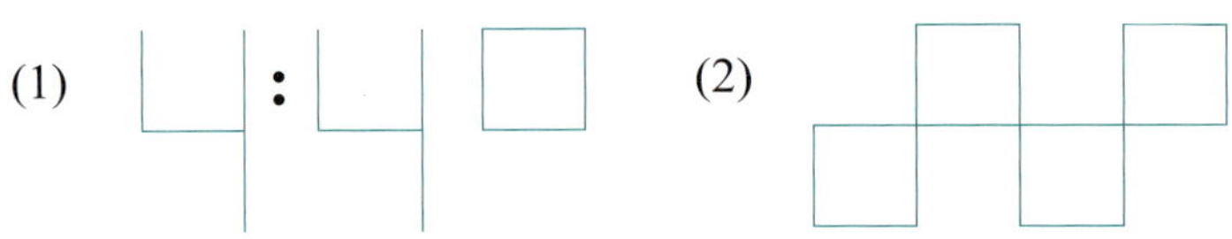

24 답

25 답 풀이 참고

접은 종이를 펼칠 때 선대칭으로 모양이 옮겨가기 때문에 마지막부터 거꾸로 그려보면 다음과 같습니다.(화살표 '↷'의 방향은 종이를 접은 방향이므로 반대방향으로 종이가 펼쳐집니다)

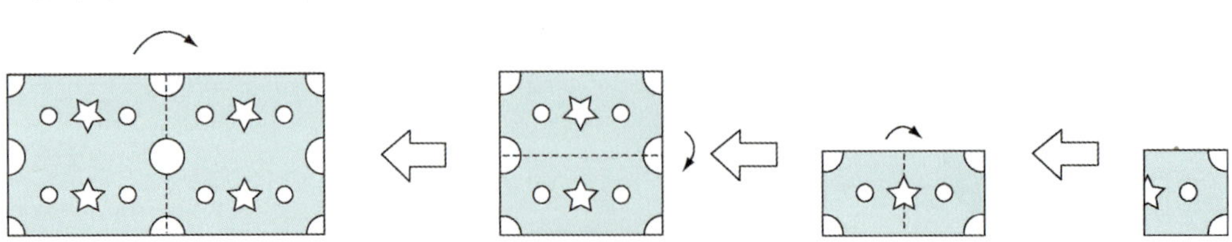

따라서 종이를 펼쳤을 때 다음과 같은 모양이 나타납니다.

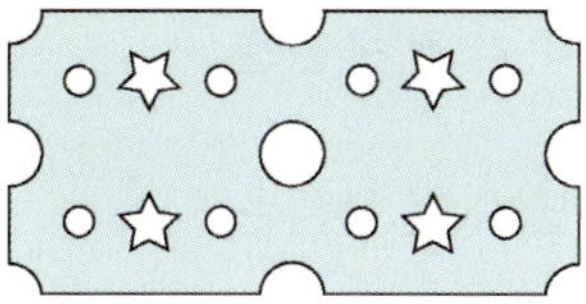

26 답 $27cm^2$

(구멍을 제외한 다각형의 넓이)

=(변 위의 점의 수)÷2+(구멍을 제외한 내부의 점의 수)+(구멍의수) −1

=(42÷2)+4+3−1=27

27 답 $27.5cm^2$

(구멍을 제외한 다각형의 넓이)

=(변 위의 점의 수)÷2+(구멍을 제외한 내부의 점의 수)+(구멍의수) −1

=(35÷2)+15+1−1=27.5

28 답 $54.5cm^2$

(구멍을 제외한 다각형의 넓이)

=(변 위의 점의 수)÷2+(구멍을 제외한 내부의 점의 수)+(구멍의수) −1

① 1번 도형의 넓이 : (39÷2)+45+3−1=66.5cm^2

② 2번 도형의 넓이 : (26÷2)+1−1=13cm^2

③ 3번 도형의 넓이 : (28÷2)+11+1−1=25cm^2

따라서 (1번 도형의 넓이)+(2번 도형의 넓이)−(3번 도형의 넓이)=66.5+13−25=54.5cm^2

29 답 첫 번째 손님: 23장, 두 번째 손님: 30장, 세 번째 손님: 7장

	첫 번째 손님	두 번째 손님	세 번째 손님
쿠폰의 개수가 같았다.	20	20	20
세 번째 조건	① 13	20	② 27
두 번째 조건	④ 23	③ 10	27
첫 번째 조건	23	⑤ 30	⑥ 7

① 세 번째 손님이 첫 번째 손님에게 쿠폰 7장을 주었으므로 주기 전 쿠폰은 $20+7=27$장입니다.

② 첫 번째 손님이 세 번째 손님에게 쿠폰 7장을 받았으므로 받기 전 쿠폰은 $20-7=13$장입니다.

③ 두 번째 손님이 첫 번째 손님에게 자신이 가지고 있던 쿠폰만큼 받았으므로 받기 전 쿠폰은 $20\div2=10$장입니다.

④ ③에서 첫 번째 손님이 두 번째 손님에게 준 쿠폰이 10장이므로 주기 전 쿠폰은 $13+10=23$장입니다.

⑤ 두 번째 손님은 가지고 있던 쿠폰 개수의 $\frac{2}{3}$만큼을 세 번째 손님에게 주고 남은 쿠폰이 10장이므로 주기 전 쿠폰은 $10\times3=30$장입니다.

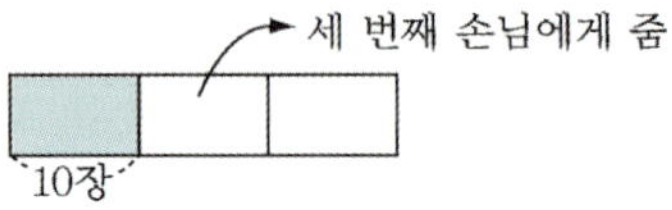

⑥ ⑤에서 세 번째 손님이 두 번째 손님에게 받은 쿠폰이 20장이므로 받기 전 쿠폰은 $27-20=7$장입니다.

30 답 5000원

A가 B보다 3번 더 이겼고 비긴 적은 없기 때문에 A가 이긴 경기 수는 7번, B가 이긴 경기 수는 4번입니다. 즉, A는 7번 이기고 4번 졌고, B는 4번 이기고 7번 졌습니다.

① (A가 처음 가지고 있던 돈) $+7\times1000-4\times1000=$ (지우개를 산 돈)

→ (A가 처음 가지고 있던 돈) $+7000-4000=20\times500$

→ (A가 처음 가지고 있던 돈) $=10000-7000+4000=7000$원

② (B가 처음 가지고 있던 돈) $+4\times1000-7\times1000=$ (지우개를 산 돈)

→ (B가 처음 가지고 있던 돈) $+4000-7000=18\times500$

→ (B가 처음 가지고 있던 돈) $=9000-4000+7000=12000$원

따라서 처음 A가 가지고 있던 돈과 B가 가지고 있던 돈의 차는 $12000-7000=5000$원입니다.

31 답 81km

문제를 그림으로 정리해 보면 다음과 같습니다.

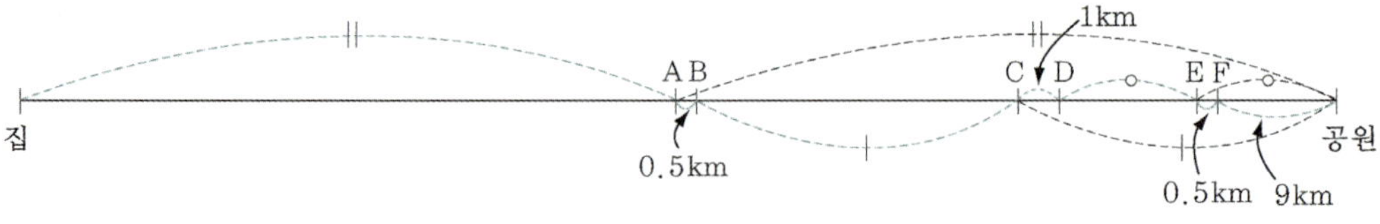

그림을 보고 집에서 공원까지의 거리를 거꾸로 구해보면,

① 남은 거리(F ~ 공원) : 9km

② E ~ 공원 : $9+0.5=9.5$km

③ D ~ 공원 : $9.5\times2=19$km

④ C ~ 공원 : $19+1=20$km

⑤ B ~ 공원 : $20\times2=40$km

⑥ A ~ 공원 : $40+0.5=40.5$km

따라서 집에서 공원까지의 거리는 $40.5\times2=81$km 입니다.

32 답

(1) $\frac{1}{3}+\frac{1}{24}+\frac{1}{48}$ 또는 $\frac{1}{4}+\frac{1}{8}+\frac{1}{48}$ 또는 $\frac{1}{4}+\frac{1}{12}+\frac{1}{16}$

(2) $\frac{1}{4}+\frac{1}{12}+\frac{1}{24}+\frac{1}{48}$ 또는 $\frac{1}{6}+\frac{1}{8}+\frac{1}{12}+\frac{1}{48}$ 또는 $\frac{1}{6}+\frac{1}{8}+\frac{1}{16}+\frac{1}{24}$

48의 약수는 1, 2, 3, 4, 6, 8, 12, 16, 24, 48입니다.

(1) 48의 약수 중 더하여 19가 되는 3개의 수를 찾으면 (16, 2, 1), (12, 6, 1), (12, 4, 3)이므로

① $\frac{19}{48}=\frac{16}{48}+\frac{2}{48}+\frac{1}{48}=\frac{1}{3}+\frac{1}{24}+\frac{1}{48}$

② $\frac{19}{48}=\frac{12}{48}+\frac{6}{48}+\frac{1}{48}=\frac{1}{4}+\frac{1}{8}+\frac{1}{48}$

③ $\frac{19}{48}=\frac{12}{48}+\frac{4}{48}+\frac{3}{48}=\frac{1}{4}+\frac{1}{12}+\frac{1}{16}$ 입니다.

(2) 48의 약수 중 더하여 19가 되는 4개의 수를 찾으면 (12, 4, 2, 1), (8, 6, 4, 1), (8, 6, 3, 2)이므로

① $\frac{19}{48}=\frac{12}{48}+\frac{4}{48}+\frac{2}{48}+\frac{1}{48}=\frac{1}{4}+\frac{1}{12}+\frac{1}{24}+\frac{1}{48}$

② $\frac{19}{48}=\frac{8}{48}+\frac{6}{48}+\frac{4}{48}+\frac{1}{48}=\frac{1}{6}+\frac{1}{8}+\frac{1}{12}+\frac{1}{48}$

③ $\frac{19}{48}=\frac{8}{48}+\frac{6}{48}+\frac{3}{48}+\frac{2}{48}=\frac{1}{6}+\frac{1}{8}+\frac{1}{16}+\frac{1}{24}$ 입니다.

33 답 4번

<table>
<tr><td>1번</td><td colspan="5">(62)개를
(21) (21) (20)
A B</td></tr>
<tr><td rowspan="2">2번</td><td colspan="2">A 또는 B쪽으로 기운다면, 기운 쪽에 있는 다이아몬드</td><td colspan="3">A = B라면, 저울 위에 올리지 않은 다이아몬드</td></tr>
<tr><td colspan="2">(21)개를
(7) (7) (7)
C D</td><td colspan="3">(20)개를
(7) (7) (6)
E F</td></tr>
<tr><td rowspan="2">3번</td><td colspan="2">C 또는 D, C = D</td><td colspan="2">E 또는 F</td><td>E = F</td></tr>
<tr><td colspan="2">(7)개를
(2) (2) (3)
G H</td><td colspan="2">(7)개를
(2) (2) (3)
I J</td><td>(6)개를
(2) (2) (2)
K L</td></tr>
<tr><td rowspan="2">4번</td><td>G 또는 H</td><td>G = H</td><td>I 또는 J</td><td>I = J</td><td>K 또는 L, K = L</td></tr>
<tr><td>(2)개를
(1) (1)
→ 기운쪽이 무거운 다이아몬드입니다.</td><td>(3)개를
(1) (1) (1)
→ 기운쪽이 무거운 다이아몬드입니다. 어느 쪽으로도 기울지 않았다면 남은 1개가 무거운 다이아몬드입니다.</td><td>(2)개를
(1) (1)
→ 기운쪽이 무거운 다이아몬드입니다.</td><td>(3)개를
(1) (1) (1)
→ 기운쪽이 무거운 다이아몬드입니다. 어느 쪽으로도 기울지 않았다면 남은 1개가 무거운 다이아몬드입니다.</td><td>(2)개를
(1) (1)
→ 기운쪽이 무거운 다이아몬드입니다.</td></tr>
</table>

34 답 풀이 참고

어떤 한 자리 자연수를 □라 하고 문제에 제시된 순서대로 식을 써보면 $12345679 \times (\square \times 9)$입니다. 이를 정리하면,

$12345679 \times (\square \times 9) = 12345679 \times 9 \times \square = 111111111 \times \square = \square\square\square\square\square\square\square\square\square$

따라서 제시된 조건대로 계산하다 보면 자신이 생각한 수가 9개 연속되어 있는 수가 됩니다.

예) 생각한 수 : 3 → 결과 : 333333333

35 답 풀이 참고

어떤 수를 □라 하고 문제에 제시된 순서대로 식을 써보면 $\{(\square+3)\times2-4\}\div2-\square$ 입니다. 이를 정리하면,

$$\begin{aligned}\{(\square+3)\times2-4\}\div2-\square &= (\square\times2+6-4)\div2-\square\\ &= (\square\times2+2)\div2-\square\\ &= \square+1-\square\\ &= 1\end{aligned}$$

입니다. 따라서 어떤 수를 생각하든 제시된 조건대로 계산해 보면 결과는 항상 1이 나옵니다.

참고 그림으로 풀어보면 다음과 같습니다.

① 어떤 수를 □라 하면,
② 자기가 생각한 수에 3을 더한 수 → □ ● ● ●
③ 그 수에 2를 곱한 수 → □ □ ● ● ● ● ● ●
④ 그 수에서 4를 뺀 수 → □ □ ● ●
⑤ 그 수를 2로 나눈 수 → □ ●
⑥ 처음에 자신이 생각한 수를 뺀 수 → ●

36 답 $6cm^3$

제시된 입체도형의 전체 표면을 두께 1cm만큼씩 잘라내면 다음과 같은 모양이 됩니다.

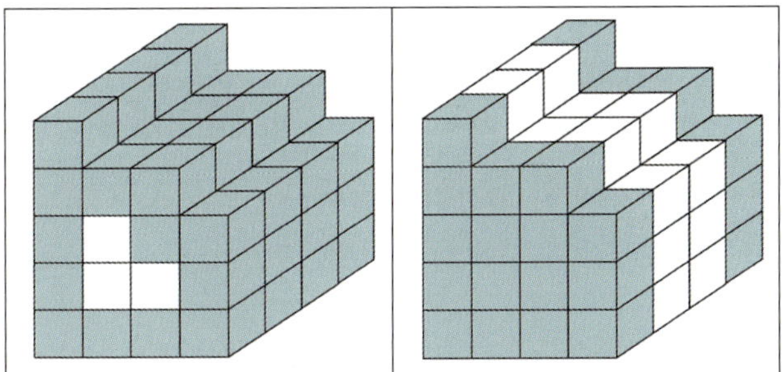
(앞에서 봤을 때) (앞면과 뒷면)
잘리는 부분

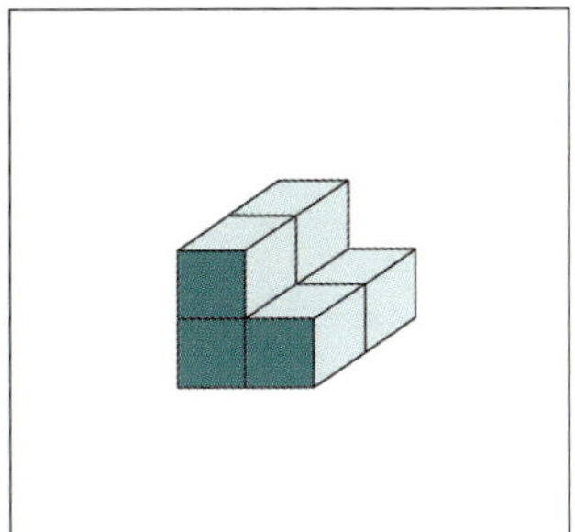
결과

따라서 $1cm^3\times6=6cm^3$ 입니다.

37 답 316

칠해진 면의 개수	3개의 면	2개의 면	1개의 면	0개의 면
그림	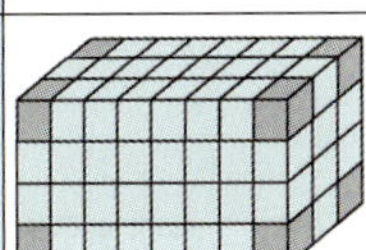	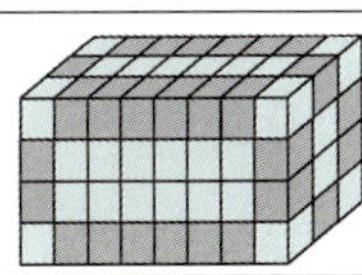	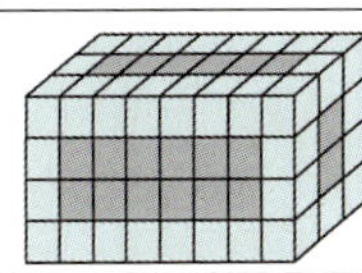	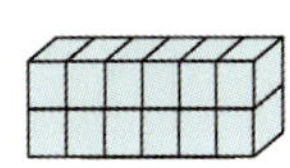
위치	꼭짓점	모서리	면	
계	8개	$(6+1+2)\times4=36$개	$(12+2+6)\times2=40$개	$6\times1\times2=12$개

따라서 $8\times36+40-12=316$ 입니다.

38 답 17개

쌓기나무의 윗면에 그 줄에 안보이는 쌓기나무의 개수를 세어 보면,

왼쪽	오른쪽
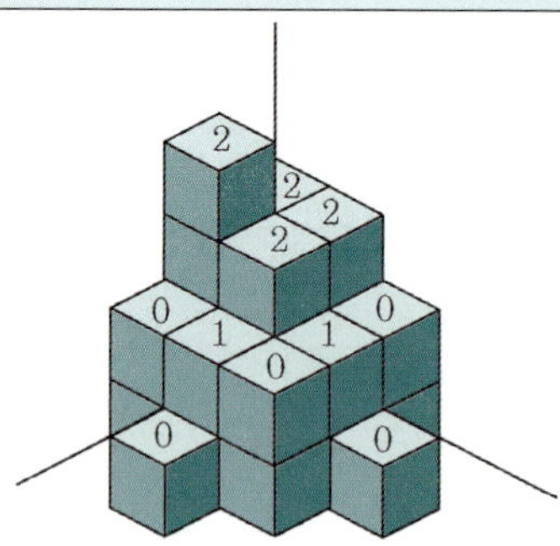	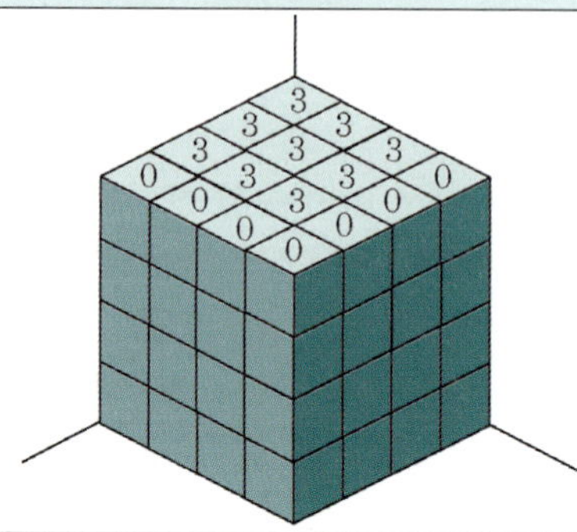
$2\times4+1\times2=10$개	$3\times9=27$개

이므로 $27-10=17$개 차이납니다.

39 답 100개

직육면체에 남는 부분 없이 정육면체가 들어가려면 정육면체의 한 모서리의 길이는 직육면체의 가로, 세로, 높이를 모두 나누어 떨어지게 하는 수이어야만 합니다. 따라서 가장 큰 정육면체의 한 모서리의 길이는 직육면체의 가로, 세로, 높이의 최대공약수와 같습니다.

$$\begin{array}{r|l} 8 & 16,\ 40,\ 80 \\ \hline & \ \ 2,\ \ 5,\ 10 \end{array}$$

→ 가장 큰 정육면체의 한 모서리의 길이 : 16, 40, 80의 최대공약수인 8cm 입니다.

가로로 $16\div8=2$개의 정육면체가

세로로 $40\div8=5$개의 정육면체가

높이로 $80\div8=10$개의 정육면체가 들어가므로 모두 $2\times5\times10=100$개의 정육면체가 들어갑니다.

40 답 90°

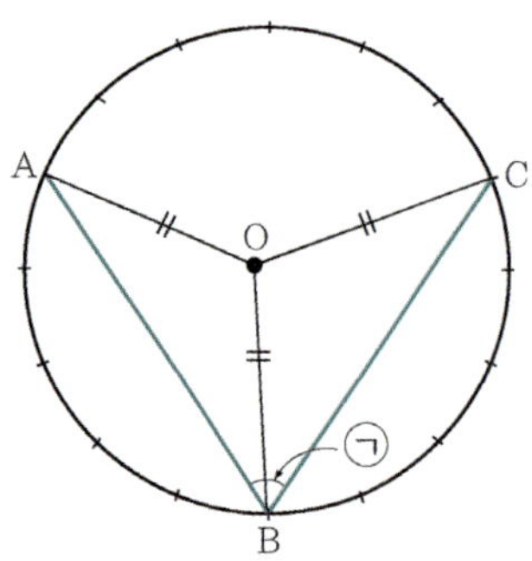

$\angle AOB=360\times\frac{5}{16}=112.5°$ 이고 삼각형 OAB는 이등변 삼각형이므로

$\angle OBA=(180°-112.5°)\div2=33.75°$ 입니다.

$\angle$㉠ $=\angle ABO+\angle OBC$이고 $\angle ABO=\angle OBC$이므로

$\angle$㉠ $=33.75\times2=67.5°$

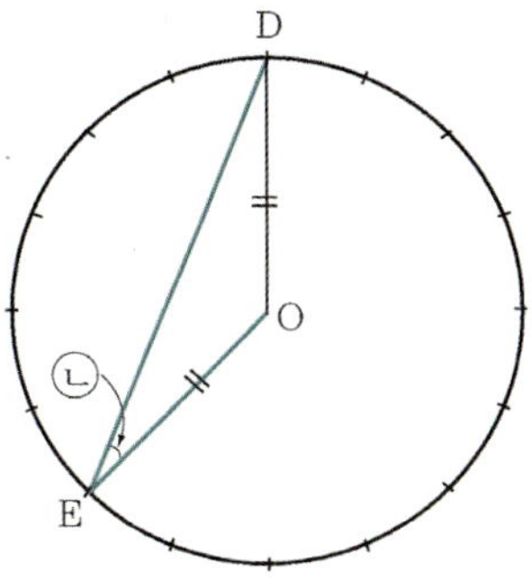

$\angle DOE = 360 \times \frac{6}{16} = 135°$ 이고 삼각형 ODE는 이등변 삼각형이므로

∠ㄴ $= (180° - 135°) \div 2 = 22.5°$ 입니다.

따라서 ∠㉠ + ∠㉡ $= 67.5° + 22.5° = 90°$ 입니다.

41 **답** (1) 400 (2) 6540 (3) 6140

(1) 1부터 39까지의 홀수의 개수는 1부터 40까지의 짝수의 개수와 같으므로 주어진 수열의 수의 개수는 $40 \div 2 = 20$개입니다. 주어진 수열의 합을 A라 하면,

$$\begin{array}{rl} A = & 1 + 3 + 5 + \cdots + 39 \\ +)\ A = & 39 + 37 + 35 + \cdots + 1 \\ \hline A \times 2 = & 40 + 40 + 40 + \cdots + 40 \\ = & 40 \times 20 = 800 \\ \therefore\ A = & 800 \div 2 = 400 \end{array}$$

(2) 6부터 114까지의 자연수의 개수는 $114 - 5 = 109$개이고, 주어진 수열의 합을 B라 하면,

$$\begin{array}{rl} B = & 6 + 7 + 8 + \cdots + 114 \\ +)\ B = & 114 + 113 + 112 + \cdots + 6 \\ \hline B \times 2 = & 120 + 120 + 120 + \cdots + 120 \\ = & 120 \times 109 = 13080 \\ \therefore\ B = & 13080 \div 2 = 6540 \end{array}$$

(3) ㉡ − ㉠ $= 6540 - 400 = 6140$

42 **답** 풀이 참고

① → 방향으로 1씩 커집니다.

② ↙ 방향으로 1, 3, 5, 7, …씩 커지는데 첫째 줄에 있는 수부터 보면 1부터, 둘째 줄에 있는 수부터 보면 3부터, 셋째 줄에 있는 수부터 보면 5부터, …, 즉 시작하는 줄에 따라 커지는 수의 시작이 달라질 뿐입니다.

③ ↘ 방향으로 3, 5, 7, 9, …씩 커지는데 첫째 줄에 있는 수부터 보면 3부터, 둘째 줄에

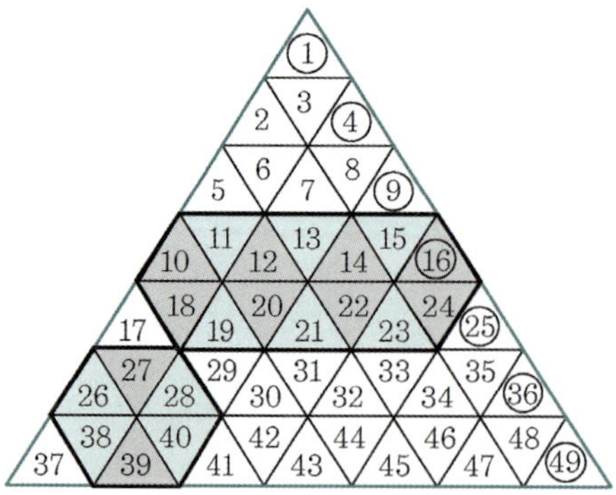

있는 수부터 보면 5부터, 셋째 줄에 있는 수부터 보면 7부터, …, 즉 시작하는 줄에 따라 커지는 수의 시작이 달라질 뿐입니다.

④ ○ 안에 있는 수들은 모두 제곱수입니다.

⑤ ⬭ 안에 있는 수들을 보면 위, 아래로 마주 보고 있는 수들의 차가 일정합니다. 이는 어떤 두 줄을 선택해서 봐도 항상 성립합니다.

⑥ 정육각형 ⬡ 안에 있는 6개의 수들을 보면 마주 보는 두 수의 합이 일정합니다. 이는 어떤 위치에 있는 정육각형 안에 있는 수들을 봐도 항상 성립합니다.

43 답 풀이 참고

1	2	3	4	5	6	7	8	9	10	11	12	13	14	15	16
	17	18	19	20	21	22	23	24	25	26	27	28	29	30	
		31	32	33	34	35	36	37	38	39	40	41	42		
			43	44	45	46	47	48	49	50	51	52			
				53	54	55	56	57	58	59	60				
					61	62	63	64	65	66					
						67	68	69	70						
							71	72							

① → 방향으로 1씩 커집니다.

② ↓ 방향으로 15, 13, 11, 9, …씩 커집니다.

③ ↘ 방향으로 16, 14, 12, 10, …씩 커집니다.

④ ↙ 방향으로 14, 12, 10, 8, …씩 커집니다.

⑤ □ 안에 있는 수들 중 대각선 위에 있는 수들의 합이 서로 같습니다. 이는 어느 정사각형 안에 있는 수들을 보아도 정사각형의 크기에 상관없이 항상 성립합니다.

44 답 풀이 참고

규칙을 먼저 살펴보면,

① 맨 왼쪽의 수들은 ↓ 방향으로 1, 3, 5, 7, …로 홀수입니다.

② ↘ 방향으로 ×2, ×4, ×6, ×8씩 커집니다.

따라서 위의 조건에 맞게 빈 칸에 알맞은 수를 써 넣으면 다음과 같습니다.

1						
3	2					
5	6	8				
7	10	24	48			
9	14	40	144	380		
11	18	56	240	1152	3840	
13	22	72	336	1920	11520	46080

45 **답** ∞분 (무한대)

제논의 이론 : 물체가 하나의 지점에서 다른 지점으로 간다고 할 때 중간지점을 반드시 통과해야 합니다. 그러나 이러할 때 물체가 도착점을 향해 절반을 가고 다시 남은 거리의 절반을 가고 또 다시 남은 거리의 반을 가는 현상이 무한히 일어나므로 유한한 시간동안 물체는 다른 목표점에 도달할 수 없습니다. 따라서 물체가 이동하는 데에는 ∞분이 걸립니다.

46 **답**

번째	1	2	3	4	5	……
개수	11	21	31	41	51	……

$10\times n+1$ 또는 $(2\times n)+n\times 5-4$

방법 1)

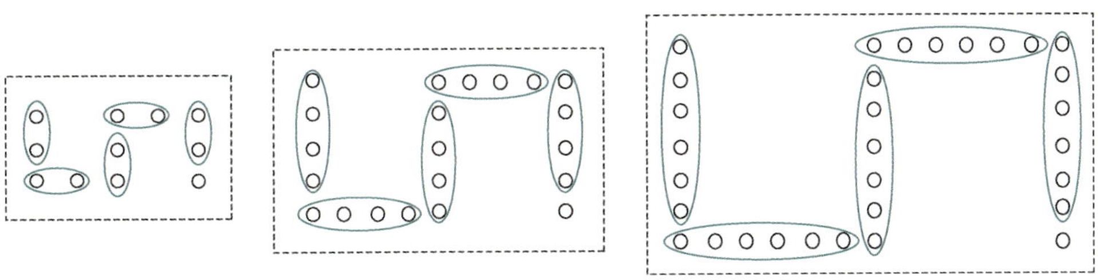

…

$2\times 5+1$ (첫번째)

$(2\times 2)\times 5+1$ (두번째)

$(2\times 3)\times 5+1$ (세번째)

…

→ (n번째 ○의 개수) $=(2\times n)\times 5+1=10\times n+1$

방법 2)

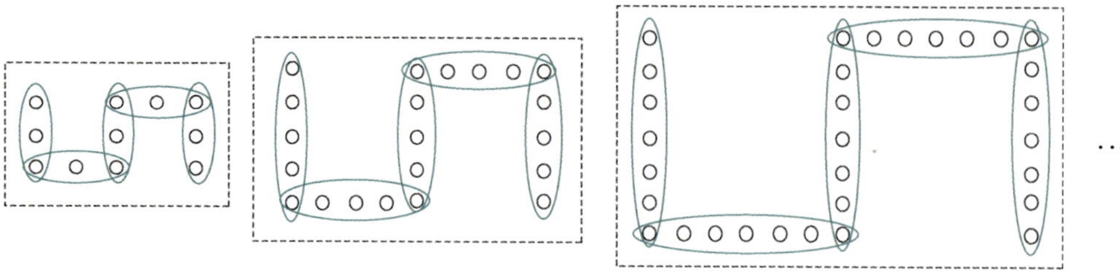

$3\times5-4$
$=(2+1)\times5-4$
(첫번째)

$5\times5-4$
$=(2\times2+1)\times5-4$
(두번째)

$7\times5-4$
$=(2\times3+1)\times5-4$
(세번째)

…

→ (n번째 ○의 개수) $=(2\times n+1)\times5-4$

47 **답** 69개

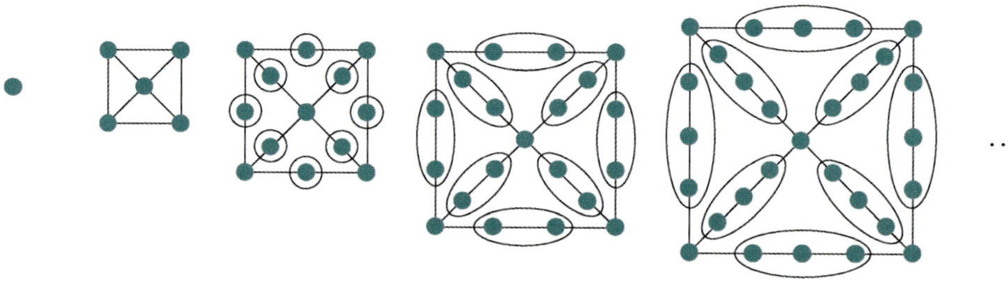

1	5	$5+8$	$5+8\times2$	$5+8\times3$	
(첫번째)	(두번째)	(세번째)	(네번째)	(다섯번째)	…

따라서 (n번째 ●의 개수) $=5+8\times(n-2)$ (단, $n\geq2$)이므로 10번째 그림에 쓰인 점의 개수는 $5+8\times(10-2)=69$개입니다.

48 **답** 10946가지

① 계단 1개를 올라가는 방법 : 1가지
② 계단 2개를 올라가는 방법 : 2가지
③ 계단 3개를 올라가는 방법 : $1+2=3$가지
④ 계단 4개를 올라가는 방법 : $2+3=5$가지
⑤ 계단 5개를 올라가는 방법 : $3+5=8$가지
⑥ 계단 6개를 올라가는 방법 : $5+8=13$가지
⋮

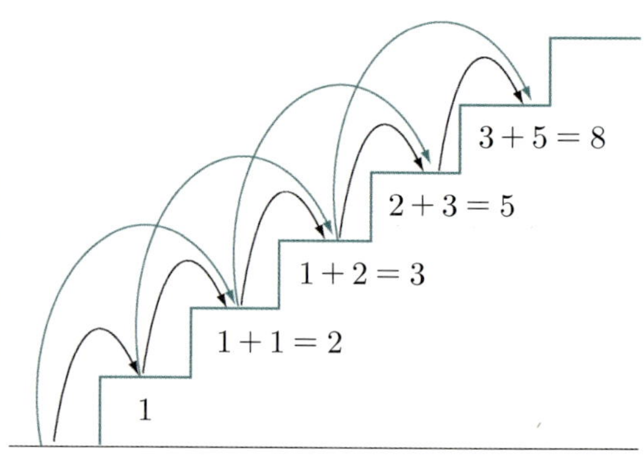

규칙을 살펴보면 앞의 두 수의 합이 바로 뒤의 수가 되는 규칙(피보나치 수열)입니다. 이와 같이 20번째 수까지 찾아보면 10946이 됩니다. 따라서 20개의 계단을 올라가는 방법은 10946가지입니다.

49 **답** 풀이 참고

한열씩 왼쪽에서 오른쪽으로 이동하는 규칙입니다.

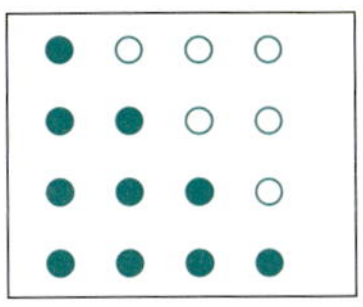

50 **답** 풀이 참고

오른쪽으로 갈수록 시계방향으로 90°씩 회전하는 규칙입니다.

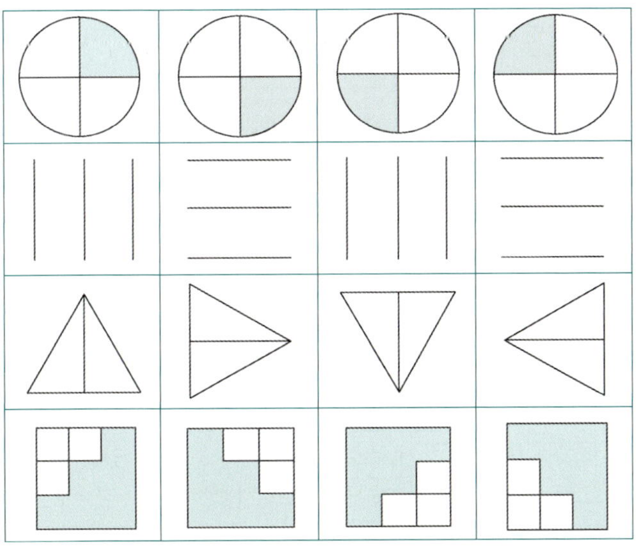

51 **답** 위에서부터 차례로 다음 그림과 같습니다.

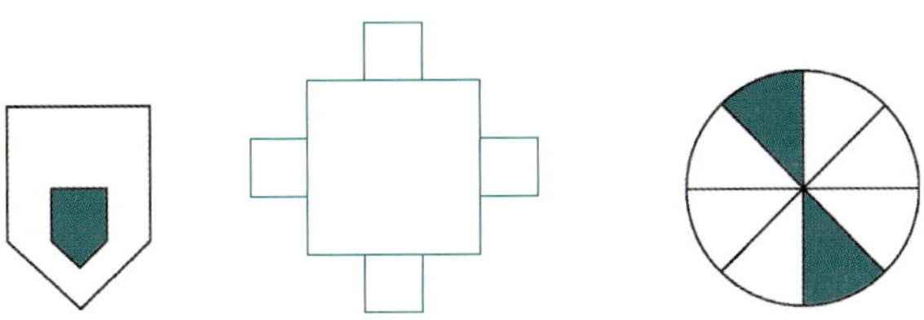

52 답 419조각

끈의 조각이 4개씩 늘어나는 규칙입니다. 따라서 (n번째 조각의 수)$=3+4\times(n-1)$이므로 105번째 끈의 조각 수는 $3+4\times(105-1)=419$조각입니다.

53 답 2004가닥

끈이 2가닥씩 늘어나는 규칙입니다. 따라서 (n번째 가닥의 수)$=4+2\times(n-1)$이므로 1001번째에는 $4+2\times(1001-1)=2004$가닥입니다.

54 답 (이지수–변호사), (김서연–의사), (서동혁–선생님), (권성재–판사), (박지민–회사원)

성 \ 이름	지수	서연	동혁	성재	지민	선생님	회사원	의사	변호사	판사
김	×	○	×	×	×	×	×	○	×	×
박	×	×	×	×	○	×	○	×	×	×
이	○	×	×	×	×	×	×	×	○	×
서	×	×	○	×	×	○	×	×	×	×
권	×	×	×	○	×	×	×	×	×	○
선생님	×	×	○	×	×					
회사원	×	×	×	×	○					
의사	×	○	×	×	×					
변호사	○	×	×	×	×					
판사	×	×	×	○	×					

55 답 풀이 참고

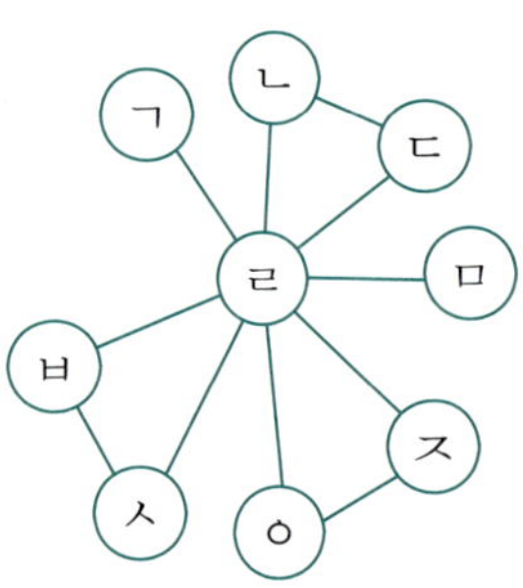

i) '3 ⇒ 42'이고 42는 3을 제외한 나머지 수들의 합이므로 ㉣ = 3입니다.

ii) '2 ⇒ 3', '8 ⇒ 3'이므로 2와 8이 각각 ㉠과 ㉤에 들어가야 합니다.

iii) ㉡, ㉢, ㉥, ㉦, ㉧, ㉨은 각각 ㉣과 나머지 한 수와의 합이므로 주변의 합에서 3을 뺀 나머지 수와 짝을 이루어 (㉡, ㉢), (㉥, ㉦), (㉧, ㉨)에 들어가면 됩니다.

따라서 수들을 조건에 맞게 써넣으면 다음과 같이 다양하게 만들 수 있습니다.

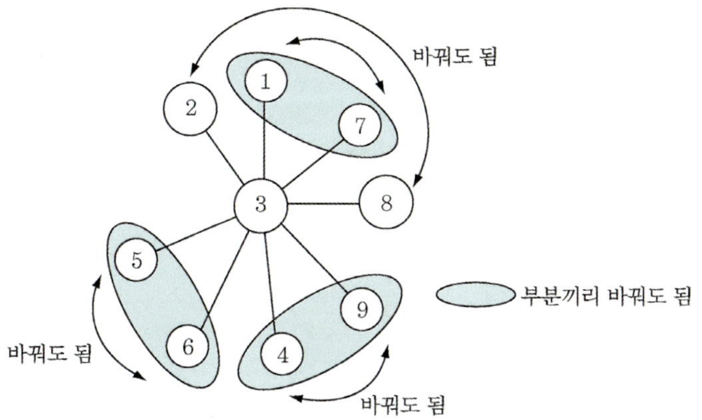

56 답 24가지

각 지점에 그 지점까지 최단거리로 갈 수 있는 경우의 수를 써나가면 다음과 같습니다.

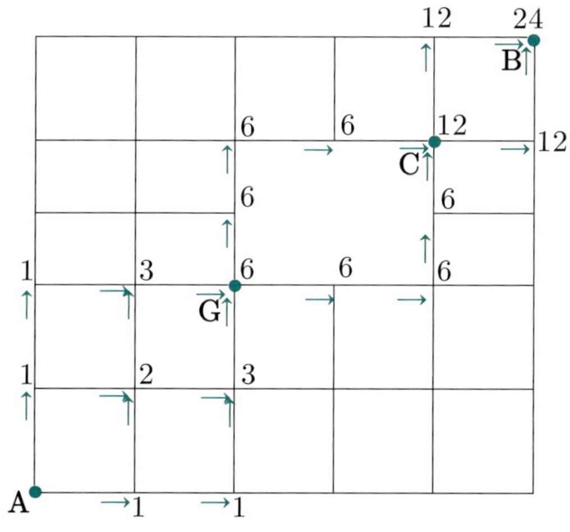

57 **답** 192가지

각 지점에 그 지점까지 최단거리로 갈 수 있는 경우의 수를 써나가면 다음과 같습니다.

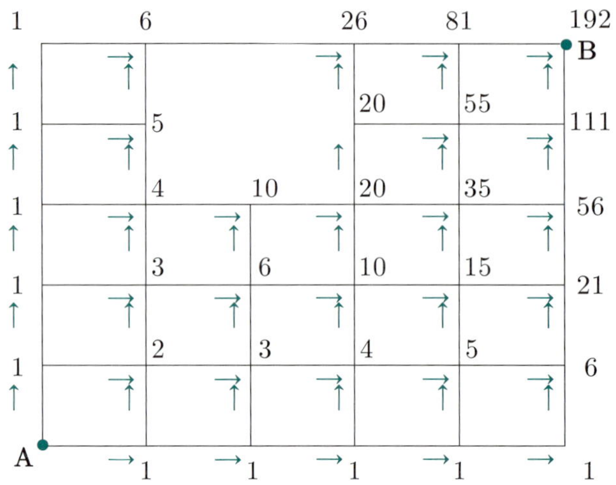

58 **답** 1082가지

각 지점에 그 지점까지 최단거리로 갈 수 있는 경우의 수를 써나가면 다음과 같습니다.

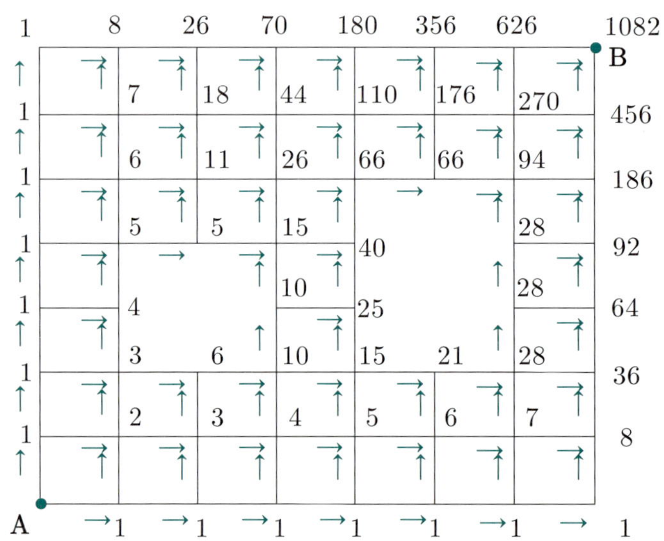

59 **답** (A : 빗금), (B : 7개), (C : ○), (D : □), (E : 검은색), (F : 5개), (G : 2개), (H : 3개), (I : 흰색), (J : △), AJB: △△△△△△△, DEF: ■■■■■

		해당되는 알파벳	공통된 알파벳	결론
모양	○	FAC, HIC, ABC	C	C : ○
	△	EBJ, JGE, EJF	E, J	E는 검은색일 수밖에 없으므로 J : △
	□	AHD, DIF, DEG, IGD	D	D : □
개수	2개	JGE, DEG, IGD	G	G : 2개
	3개	AHD, HIC	H	H : 3개
	5개	DIF, FAC, EJF	F	F : 5개
	7개	EBJ, ABC	B	B : 7개
색	흰색	DIF, HIC, IGD	I	I : 흰색
	검은색	EBJ, JGE, DEG, EJF	E	E : 검은색
	빗금	AHD, FAC, ABC	A	A : 빗금

60 **답** 307조각

끈이 3개씩 늘어나는 규칙입니다. 따라서 (n번째 조각의 수)$=4+3\times(n-1)$이므로 102번째 끈의 조각 수는 $4+3\times(102-1)=307$조각입니다.

난이도 하

나만의 수학문제-풀이

01 답 풀이 참고

주어진 수를 3부터 23까지의 서로 다른 홀수의 곱으로 표현해보면,

- $15 = 3 \times 5$
- $143 = 11 \times 13$
- $323 = 17 \times 19$
- $147 = 7 \times 21$
- $135 = 9 \times 15$
- $153 = 9 \times 17$
- $39 = 3 \times 13$
- $399 = 19 \times 21$
- $35 = 5 \times 7$
- $165 = 11 \times 15$

이므로 공통으로 곱해진 수를 찾아서 빈 칸에 알맞은 수를 써 넣으면 답은 다음과 같습니다.

	3		5		15
	13			11	143
17		19			323
		21	7		147
9				15	135
153	39	399	35	165	

02 답 풀이 참고

주어진 수를 1부터 20까지의 서로 다른 자연수의 곱으로 표현해보면,

- $36 = 2 \times 18 = 3 \times 12 = 4 \times 9$
- $10 = 1 \times 10 = 2 \times 5$
- $7 = 1 \times 7$
- $150 = 10 \times 15$
- $209 = 11 \times 19$
- $28 = 2 \times 14 = 4 \times 7$
- $30 = 2 \times 15 = 3 \times 10 = 5 \times 6$
- $19 = 1 \times 19$
- $90 = 5 \times 18 = 6 \times 15 = 9 \times 10$
- $55 = 5 \times 11$

이므로 공통으로 곱해진 수를 찾아서 빈 칸에 알맞은 수를 써 넣으면 답은 다음과 같습니다.

4			9		36
	2			5	10
7		1			7
	15		10		150
		19		11	209
28	30	19	90	55	

03 **답** $135=67+68$

$135=44+45+46$

$135=25+26+27+28+29$

$135=20+21+22+23+24+25$

① (연속하는 자연수 홀수개의 합) = (중간수) × (개수)이므로
(중간수) = (연속하는 자연수 홀수개의 합) ÷ (개수)입니다.

② (연속하는 자연수 짝수개의 합) = (중간 두 수의 합) × {(개수) ÷ 2}이므로
(중간 두 수의 합) = (연속하는 자연수 짝수개의 합) ÷ {(개수) ÷ 2}입니다.

i) $135=\square+\square$

$135=㉠+㉡$라 하면, $㉡=㉠+1$이므로 $㉠+㉡=㉠+(㉠+1)=135$입니다.
따라서 $㉠=(135-1)\div 2=67$이므로 $135=67+68$입니다.

ii) $135=\square+\square+\square$

(중간수) $=135\div 3=45$이므로 $135=44+45+46$입니다.

iii) $135=\square+\square+\square+\square+\square$

(중간수) $=135\div 5=27$이므로 $135=25+26+27+28+29$입니다.

iv) $135=\square+\square+\square+\square+\square+\square$

(중간 두 수의 합) $=135\div(6\div 2)=45$이고, 중간 두 수를 i)의 방법과 같이 구하면 중간 두 수는 22, 23입니다. 따라서 $135=20+21+22+23+24+25$입니다.

04 **답** $297=148+149$

$297=98+99+100$

$297=47+48+49+50+51+52$

$297=29+30+31+32+33+34+35+36+37$

$297=22+23+24+25+26+27+28+29+30+31+32$

① (연속하는 자연수 홀수개의 합) = (중간수) × (개수)이므로
(중간수) = (연속하는 자연수 홀수개의 합) ÷ (개수)입니다.

② (연속하는 자연수 짝수개의 합) = (중간 두 수의 합) × {(개수) ÷ 2}이므로
(중간 두 수의 합) = (연속하는 자연수 짝수개의 합) ÷ {(개수) ÷ 2}입니다.

i) $297=\square+\square$

$297=㉠+㉡$라 하면, $㉡=㉠+1$이므로 $㉠+㉡=㉠+(㉠+1)=297$입니다.
따라서 $㉠=(297-1)\div 2=148$이므로 $297=148+149$입니다.

ii) $297=\square+\square+\square$

(중간수) $=297\div 3=99$이므로 $297=98+99+100$입니다.

iii) $297 = \square + \square + \square + \square + \square + \square$

(중간 두 수의 합) $= 297 \div (6 \div 2) = 99$이고, 중간 두 수를 i)의 방법과 같이 구하면 중간 두 수는 49, 50입니다. 따라서 $297 = 47 + 48 + 49 + 50 + 51 + 52$입니다.

iv) $297 = \square + \square + \square + \square + \square + \square + \square + \square + \square$

(중간수) $= 297 \div 9 = 33$이므로 $297 = 29 + 30 + 31 + 32 + 33 + 34 + 35 + 36 + 37$입니다.

v) $297 = \square + \square + \square + \square + \square + \square + \square + \square + \square + \square + \square$

(중간수) $= 297 \div 11 = 27$이므로 $297 = 22 + 23 + 24 + 25 + 26 + 27 + 28 + 29 + 30 + 31 + 32$입니다.

05 **답** $175 = 87 + 88$

$175 = 33 + 34 + 35 + 36 + 37$

$175 = 22 + 23 + 24 + 25 + 26 + 27 + 28$

$175 = 13 + 14 + 15 + 16 + 17 + 18 + 19 + 20 + 21 + 22$

$175 = 6 + 7 + 8 + 9 + 10 + 11 + 12 + 13 + 14 + 15 + 16 + 17 + 18 + 19$

① (연속하는 자연수 홀수개의 합) = (중간수) × (개수)이므로
(중간수) = (연속하는 자연수 홀수개의 합) ÷ (개수)입니다.

② (연속하는 자연수 짝수개의 합) = (중간 두 수의 합) × {(개수) ÷ 2}이므로
(중간 두 수의 합) = (연속하는 자연수 짝수개의 합) ÷ {(개수) ÷ 2}입니다.

i) $175 = \square + \square$

175 = ㉠ + ㉡라 하면, ㉡ = ㉠ + 1이므로 ㉠ + ㉡ = ㉠ + (㉠ + 1) = 175입니다.
따라서 ㉠ = $(175 - 1) \div 2 = 87$이므로 $175 = 87 + 88$입니다.

ii) $175 = \square + \square + \square + \square + \square$

(중간수) $= 175 \div 5 = 35$이므로 $175 = 33 + 34 + 35 + 36 + 37$입니다.

iii) $175 = \square + \square + \square + \square + \square + \square + \square$

(중간수) $= 175 \div 7 = 25$이므로 $175 = 22 + 23 + 24 + 25 + 26 + 27 + 28$입니다

iv) $175 = \square + \square + \square + \square + \square + \square + \square + \square + \square + \square$

(중간 두 수의 합) $= 175 \div (10 \div 2) = 35$이고, 중간 두 수를 i)의 방법과 같이 구하면 중간 두 수는 17, 18입니다. 따라서 $175 = 13 + 14 + 15 + 16 + 17 + 18 + 19 + 20 + 21 + 22$입니다.

v) $175 = \square + \square + \square + \square + \square + \square + \square + \square + \square + \square + \square + \square + \square + \square$

(중간 두 수의 합) $= 175 \div (14 \div 2) = 25$이고, 중간 두 수를 i)의 방법과 같이 구하면 중간 두 수는 12, 13입니다. 따라서 $175 = 6 + 7 + 8 + 9 + 10 + 11 + 12 + 13 + 14 + 15 + 16 + 17 + 18 + 19$입니다.

06 답 $75=37+38$

$75=24+25+26$

$75=13+14+15+16+17$

$75=10+11+12+13+14+15$

$75=3+4+5+6+7+8+9+10+11+12$

① (연속하는 자연수 홀수개의 합)=(중간수)×(개수)이므로
(중간수)=(연속하는 자연수 홀수개의 합)÷(개수)입니다.

② (연속하는 자연수 짝수개의 합)=(중간 두 수의 합)×{(개수)÷2}이므로
(중간 두 수의 합)=(연속하는 자연수 짝수개의 합)÷{(개수)÷2}입니다.

i) $75=\square+\square$

$75=㉠+㉡$라 하면, $㉡=㉠+1$이므로 $㉠+㉡=㉠+(㉠+1)=75$입니다.
따라서 $㉠=(75-1)\div2=37$이므로 $75=37+38$입니다.

ii) $75=\square+\square+\square$

(중간수)$=75\div3=25$이므로 $75=24+25+26$입니다.

iii) $75=\square+\square+\square+\square+\square$

(중간수)$=75\div5=15$이므로 $75=13+14+15+16+17$입니다.

iv) $75=\square+\square+\square+\square+\square+\square$

(중간 두 수의 합)$=75\div(6\div2)=25$이고, 중간 두 수를 i)의 방법과 같이 구하면 중간 두 수는 12, 13입니다. 따라서 $75=10+11+12+13+14+15$입니다.

v) $75=\square+\square+\square+\square+\square+\square+\square+\square+\square+\square$

(중간 두 수의 합)$=75\div(10\div2)=15$이고, 중간 두 수를 i)의 방법과 같이 구하면 중간 두 수는 7, 8입니다. 따라서 $75=3+4+5+6+7+8+9+10+11+12$입니다.

07 답 ① 10개

회문수란 앞에서부터 읽거나 뒤에서부터 읽거나 똑같은 수가 되는 수입니다. 일의 자리 숫자가 8인 세 자리 회문수는 8□8의 모양이므로
808, 818, 828, 838, 848, 858, 868, 878, 888, 898으로 10개입니다.

08 답 16개

1부터 9까지의 짝수는 2, 4, 6, 8이고 이를 이용하여 만들 수 있는 세 자리 회문수는,

222	424	626	828
242	444	646	848
262	464	666	868
282	484	686	888

이므로 $4\times4=16$개입니다.

09 답 12개

어떤 수의 약수의 개수는 그 수를 소인수분해했을 때 '(지수+1)의 곱'으로 구할 수 있습니다.

> ($a^l\times b^m\times c^n$의 약수의 개수)$=(l+1)\times(m+1)\times(n+1)$,
> (단, $a\neq b\neq c$, a, b, c는 소수)

1012를 소인수분해 하면,

$$\begin{array}{r|r} 2 & 1012 \\ 2 & 506 \\ 11 & 253 \\ & 23 \end{array}$$

$1012=2^2\times11\times23$이므로 약수의 개수는 $(2+1)\times(1+1)\times(1+1)=12$개입니다.

10 답 (1) × (2) × (3) × (4) ○ (5) ×

(1) (홀수)+(홀수)=(짝수), (홀수)+(짝수)=(홀수), (짝수)+(짝수)=(짝수)입니다. 즉, 홀수를 홀수 번 더하면 홀수가 되고 짝수 번 더하면 짝수가 됩니다. 짝수는 몇 번을 더하든 짝수가 됩니다.

1부터 1001까지의 자연수 중 홀수는 홀수개 있으므로 1부터 1001까지의 자연수의 합은 홀수입니다.

(2) 곱셈에서는 짝수가 들어가면 곱(답)은 무조건 짝수입니다.

예) $4\times8=32$, $2\times3=6$, $2\times3\times5\times7=210$

(3) (짝수)−(짝수)=(짝수)입니다.

예) $12-4=8$, $22-8=14$, $184-32=152$

(4) (홀수+홀수)×(홀수+짝수)×(홀수−짝수)+(홀수×짝수)

=(짝수)×(홀수)×(홀수)+(짝수)

=(짝수)+(짝수)=(짝수)

(5) $\{(1111+1222)\times5+(2453+4560)\}\div3$

=\{(홀수+짝수)×홀수+(홀수+짝수)\}÷홀수

=(홀수×홀수+홀수)÷홀수

=(홀수+홀수)÷홀수

=짝수÷홀수=짝수

11 답 풀이 참고

다음과 같은 방법으로 답을 여러 가지로 구할 수 있습니다.

① 7을 제외한 나머지 두 수의 합이 같아지는 쌍을 찾으면, (1, 13), (2, 12), (3, 11), (4, 10), (5, 9), (6, 8)입니다.

② 위에서 찾은 쌍을 ⬭ 안에 써넣습니다.

③ 같은 줄 위에 있는 수끼리 위치를 바꾸어도 됩니다.

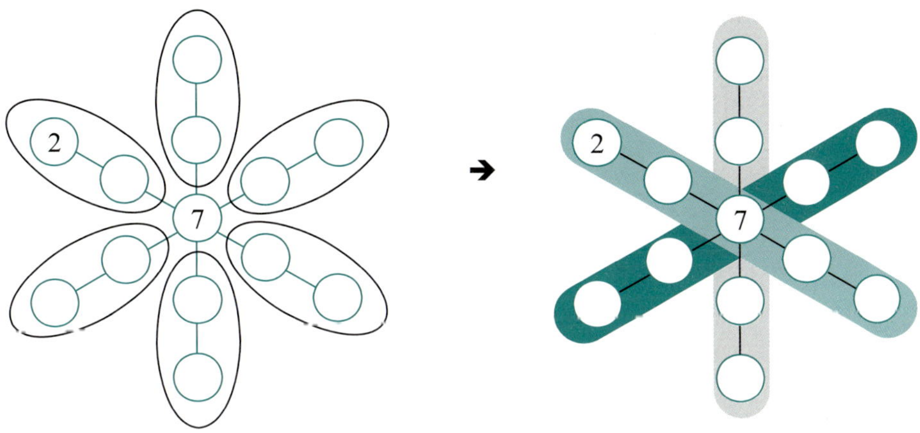

예)

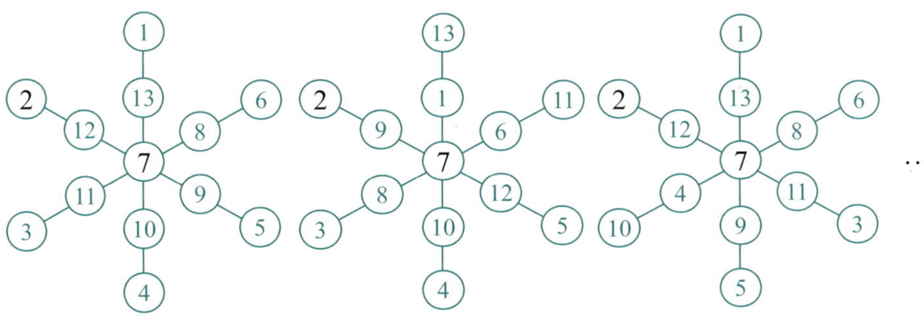

12 답 풀이 참고

중앙에 올 수 있는 수는 1, 5, 9입니다.

i) 중앙에 1이 왔을 때,

1을 제외한 두 수의 합이 같아지는 쌍을 찾으면, (2, 9), (3, 8), (4, 7), (5, 6)이므로 같은 줄에 짝이 되는 두 수를 넣어주면 됩니다. (총 48가지)

예)

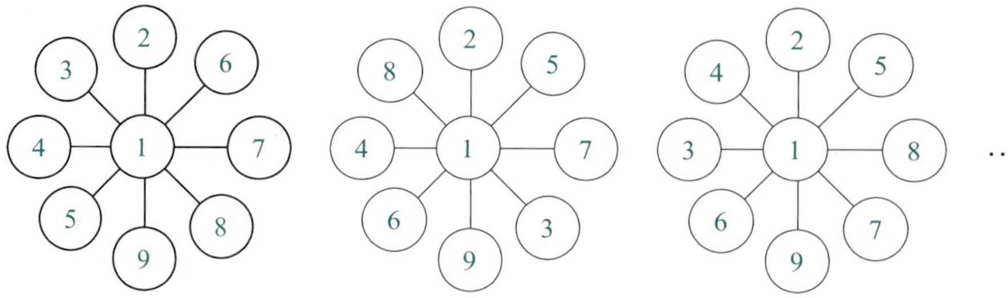

ⅰ) 중앙에 5가 왔을 때,

5을 제외한 두 수의 합이 같아지는 쌍을 찾으면, (1, 9), (2, 8), (3, 7), (4, 6)이므로 같은 줄에 짝이 되는 두 수를 넣어주면 됩니다. (총 48가지)

예)

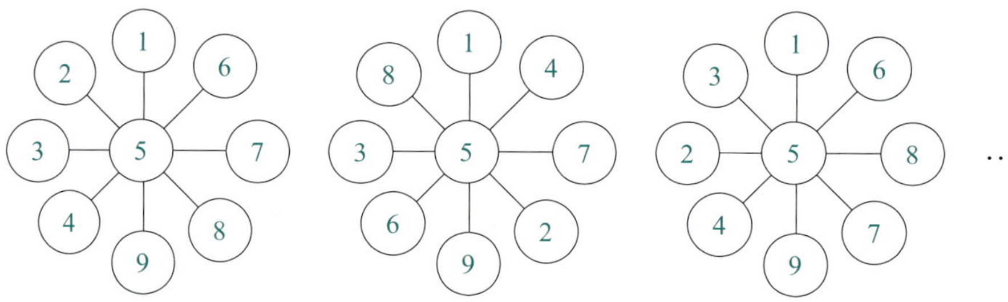

ⅰ) 중앙에 9가 왔을 때,

9을 제외한 두 수의 합이 같아지는 쌍을 찾으면, (1, 8), (2, 7), (3, 6), (4, 5)이므로 같은 줄에 짝이 되는 두 수를 넣어주면 됩니다. (총 48가지)

예)

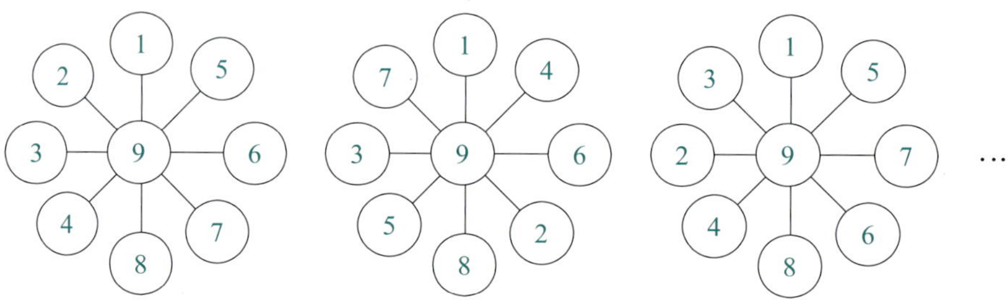

13 **답** A = 5, B = 3, C = 40, D = 60 빈 칸에 알맞은 수: 위에서부터 차례대로 88, 49

A	A	B	B	16	①
B	C	B	A	51	②
B	A	C	C		
B	A	B	D	61	③
14	55		98		
④	⑤		⑥		

①에서, $A\times2+B\times2=16 \rightarrow A+B=8$ … ㉠

④에서, $A+B\times3=14 \rightarrow A+B+B\times2=14$이고 ㉠에 의해 $A+B=8$이므로 $8+B\times2=14 \rightarrow B=3$ … ㉡

㉠에서, $A+B=8$이고 ㉡에 의해 $B=3$이므로 $A+3=8 \rightarrow A=5$ … ㉢

⑤에서, $A\times3+C=55$이고 ㉢에 의해 $A=5$이므로 $5\times3+C=55 \rightarrow C=40$

③에서, $A+B\times2+D=61$이고 ㉢, ㉡에 의해 $A=5$, $B=3$이므로 $5+3\times2+D=61$ $\rightarrow D=50$

따라서 $A=5$, $B=3$, $C=40$, $D=60$이고 빈 칸에 알맞은 수는 88, 49입니다.

14 **답** 위에서부터 차례대로 22, 13, 22

A	C	C	A	22	①
D	B	D	C	24	②
B	A	C	D		
	18		15		
	③		④		

①에서, $A\times2+C\times2=22 \rightarrow A+C=11$ … ㉠

③에서, $A+B+C=18$이고 ㉠에 의해 $A+C=11$이므로 $11+B=18$ $\rightarrow B=7$ … ㉡

④에서, $A+C+D=15$이고 ㉠에 의해 $A+C=11$이므로 $11+D=15$ $\rightarrow D=4$ … ㉢

②에서, $B+C+D\times2=24$이고 ㉡, ㉢에 의해 $B=7$, $D=4$이므로 $7+C+4\times2=24$ $\rightarrow C=9$ … ㉣

㉠에서, $A+C=11$이고 ㉣에 의해 $C=9$이므로 $A+9=11 \rightarrow A=2$

따라서 $A=2$, $B=7$, $C=9$, $D=4$이고 빈 칸에 알맞은 수는 22, 13, 22입니다.

15 **답** 6개

3×3 정사각형의 개수 : 1개

4×4 정사각형의 개수 : 2개

5×5 정사각형의 개수 : 2개

6×6 정사각형의 개수 : 1개

따라서 $1+2+2+1=6$개입니다.

16 **답** 풀이 참고

정사각형 72개를 합동인 도형 12개로 나누려면 한 도형 당 $72 \div 12 = 6$개씩 이루어져야 하고, 주어진 그림은 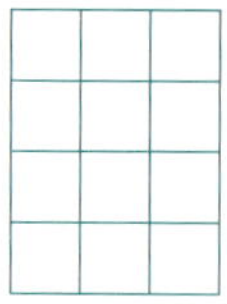 모양이 6개로 이루어진 도형으로 볼 수 있습니다. 따라서 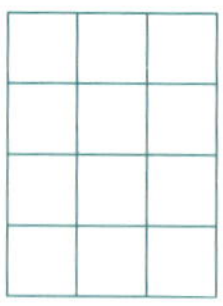 모양을 합동인 도형 2개로 나누어 보면 문제의 답을 쉽게 찾을 수 있습니다.

예)

17 **답**

(1) 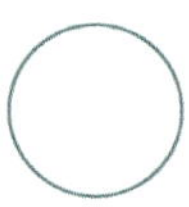 (2)  (3)  (4) 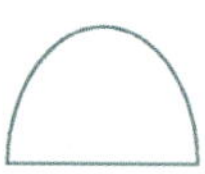

18 **답** 30

전개도 중 틀린 것은 ⑤번 (두 밑면이 붙어있기 때문)입니다. 따라서 $5 \times 6 = 30$입니다.

19 답

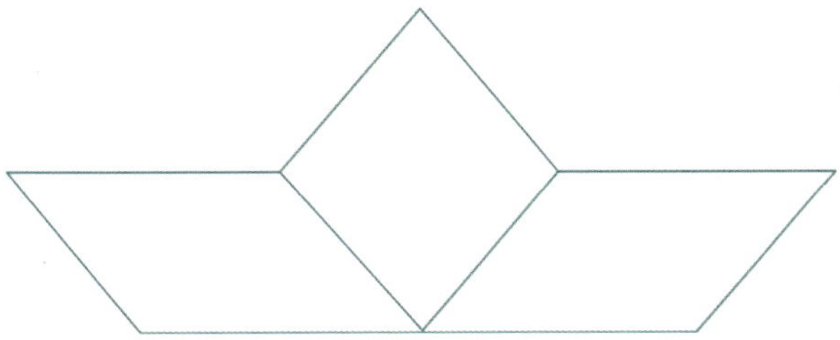

20 답 풀이 참고

접은 종이를 펼칠 때 선대칭으로 모양이 옮겨가기 때문에 마지막부터 거꾸로 그려보면 다음과 같습니다.(화살표 '⤼'의 방향은 종이를 접은 방향이므로 반대방향으로 종이가 펼쳐집니다.)

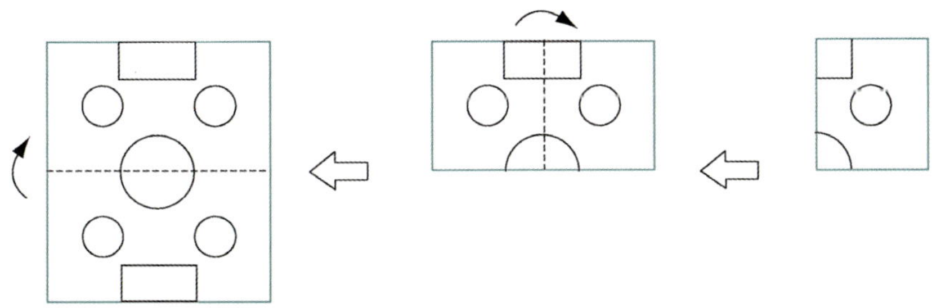

따라서 종이를 펼쳤을 때 다음과 같은 모양이 나타납니다.

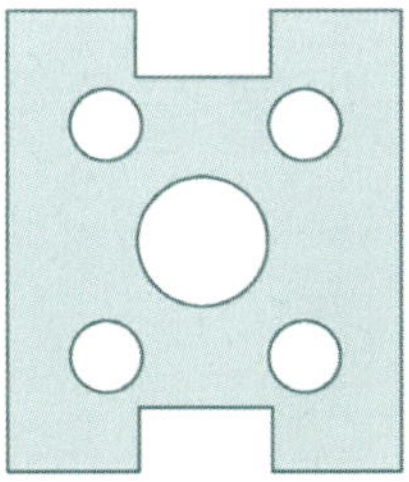

21 **답** 풀이 참고

접은 종이를 펼칠 때 선대칭으로 모양이 옮겨가기 때문에 마지막부터 거꾸로 그려보면 다음과 같습니다.(화살표 '↷'의 방향은 종이를 접은 방향이므로 반대방향으로 종이가 펼쳐집니다.)

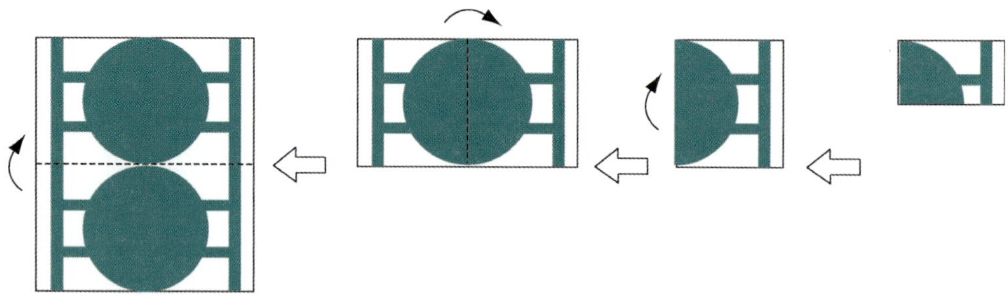

따라서 종이를 펼쳤을 때 다음과 같은 모양이 나타납니다.

22 **답** (1) 풀이 참고 (2) 5개 (3) 4개

(1) 접은 종이를 펼칠 때 선대칭으로 모양이 옮겨가기 때문에 마지막부터 거꾸로 그려보면 다음과 같습니다.(화살표 '↷'의 방향은 종이를 접은 방향이므로 반대방향으로 종이가 펼쳐집니다.)

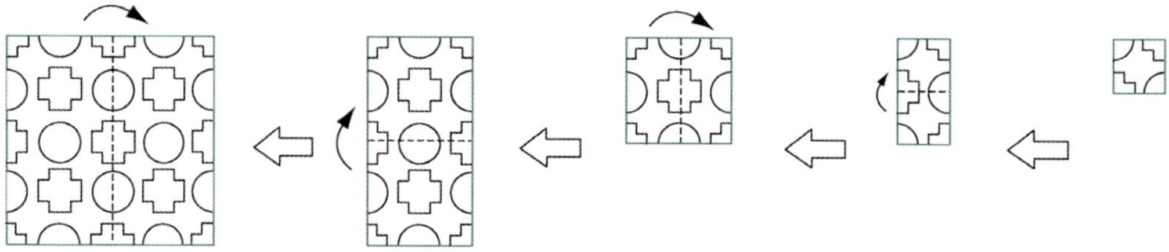

따라서 종이를 펼쳤을 때 다음과 같은 모양이 나타납니다.

23 **답** 풀이 참고

칼국수(A), 사이다(B), 김치(C), 파전(D)라 하면, A와 B를 같이 옮겨오면 안 되므로 다음과 같이 옮겨 올 수 있습니다.

예)

횟수	주방	건너기 (화살표)	식탁	방법
처음	A, B, C, D			
1	A, B	→	C, D	C, D를 식탁으로 옮긴다.
2	A, B, C	←	D	C를 다시 주방으로 옮긴다.
3	A	→	B, C, D	B, C를 식탁으로 옮긴다.
4	A, C	←	B, D	C를 다시 주방으로 옮긴다.
5		→	A, B, C, D	A, C를 식탁으로 옮긴다.

24 **답** 32km

문제를 그림으로 정리해 보면 다음과 같습니다.

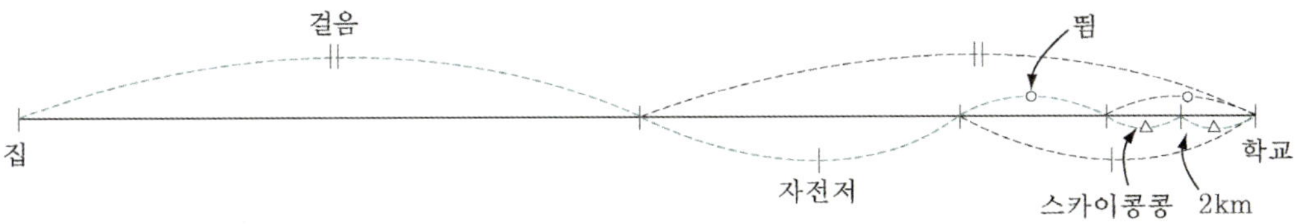

그림을 보고 집에서 학교까지의 거리를 거꾸로 구해보면,

① 남은 거리 : 2km

② 스카이콩콩을 탄 거리 : 2km

③ 뛴 거리 : $2\times2=4$km

④ 자전거를 탄 거리 : $4\times2=8$km

⑤ 걸은 거리 : $8\times2=16$km

따라서 집에서 학교까지의 거리는 $16\times2=32$km 입니다.

25 **답** 12, 8, 3, 1, 2, 3, 8, 24 또는 12, 6, 4, 2, 2, 4, 6, 12

24의 약수는 1, 2, 3, 4, 6, 8, 12, 24이고 이들 수 중 더하여 24가 되는 4개의 수를 찾으면, (12, 8, 3, 1), (12, 6, 4, 2)이므로

① $1=\frac{\boxed{12}}{24}+\frac{\boxed{8}}{24}+\frac{\boxed{3}}{24}+\frac{\boxed{1}}{24}=\frac{1}{\boxed{2}}+\frac{1}{\boxed{3}}+\frac{1}{\boxed{8}}+\frac{1}{\boxed{24}}$

② $1=\frac{\boxed{12}}{24}+\frac{\boxed{6}}{24}+\frac{\boxed{4}}{24}+\frac{\boxed{2}}{24}=\frac{1}{\boxed{2}}+\frac{1}{\boxed{4}}+\frac{1}{\boxed{6}}+\frac{1}{\boxed{12}}$ 입니다.

26 답 3번

<table>
<tr><td>1번</td><td colspan="3">⑰개를
⑥ ⑥ ⑤
A B</td></tr>
<tr><td rowspan="2">2번</td><td>A 또는 B쪽으로 기운다면 기운 쪽에 있는 동전</td><td colspan="2">A = B라면 저울 위에 올리지 않은 동전</td></tr>
<tr><td>⑥개를
② ② ②
C D</td><td colspan="2">⑤개를
② ② ①
E F</td></tr>
<tr><td rowspan="2">3번</td><td>C 또는 D쪽으로 기운다면 기운 쪽에 있는 동전, C = D라면 저울 위에 올리지 않은 동전</td><td>E 또는 F쪽으로 기운다면 기운 쪽에 있는 동전</td><td>E = F라면</td></tr>
<tr><td>②개를
① ①
→ 기운쪽이 가짜 동전입니다.</td><td>②개를
① ①
→ 기운쪽이 가짜 동전입니다.</td><td>→ 저울 위에 올리지 않은 동전이 가짜 동전입니다.</td></tr>
</table>

27 답 어떤 수를 □라 하고 문제에 제시된 순서대로 식을 써보면,

$\{(\square+12)\times 6-3\}\div 3-\square\times 2$입니다. 이를 정리하면,

$$\begin{aligned}\{(\square+12)\times 6-3\}\div 3-\square\times 2 &= (\square\times 6+72-3)\div 3-\square\times 2\\ &= (\square\times 6+69)\div 3-\square\times 2\\ &= \square\times 2+23-\square\times 2\\ &= 23\end{aligned}$$

입니다. 따라서 제시된 조건을 따라가다보면 항상 23이 될 수 밖에 없습니다.

28 답 (1) 6cm (2) 12

(1) (눈금 한 칸의 길이) $= 36\div 6 = 6$cm

(2) 정사각형의 성질을 이용하면 최대공약수를 쉽게 구할 수 있습니다. 주어진 그림에 다음과 같이 정사각형을 그려보면,

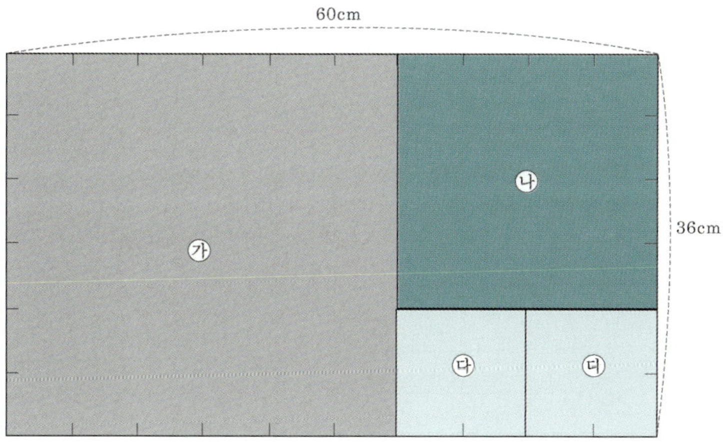

(정사각형 ㉯의 한 변의 길이) = (정사각형 ㉰의 한 변의 길이) × 2이고 정사각형은 네 변의 길이가 같으므로 정사각형 ㉯를 정사각형 ㉰로 빈틈없이 가득 채울 수 있습니다.
또한

(정사각형 ㉮의 한 변의 길이) = (정사각형 ㉯의 한 변의 길이)
+ (정사각형 ㉰의 한 변의 길이)
= (정사각형 ㉰의 한 변의 길이) × 3

이므로 정사각형 ㉮도 정사각형 ㉰로 빈틈없이 가득 채울 수 있습니다.
따라서 정사각형 ㉰는 주어진 직사각형을 빈틈없이 가득 채울 수 있는 정사각형 중 가장 큰 정사각형이므로 정사각형 ㉰의 한 변의 길이는 가로와 세로의 최대공약수와 같습니다.
주어진 그림의 눈금 한 칸의 길이는 6cm 이므로 정사각형 ㉰의 한 변의 길이는 $6 \times 2 = 12$cm 이고, 따라서 두 수의 최대공약수는 12입니다.

29 **답** 2

정사각형의 성질을 이용하면 최대공약수를 쉽게 구할 수 있습니다. 주어진 그림에 다음과 같이 정사각형을 그려보면,

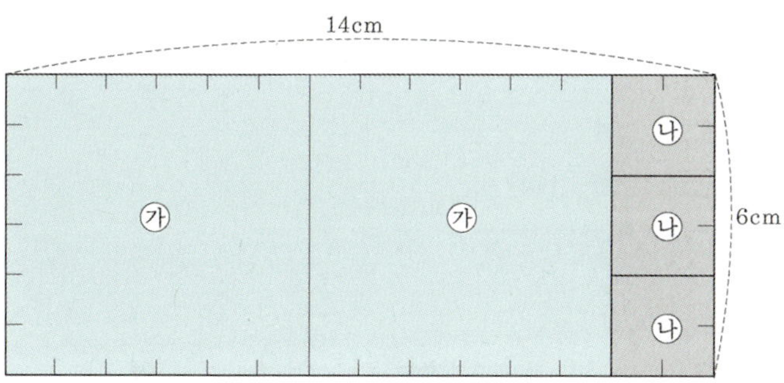

(정사각형 ㉮의 한 변의 길이) = (정사각형 ㉯의 한 변의 길이) × 3이고 정사각형은 네 변의 길이가 같으므로 정사각형 ㉮를 정사각형 ㉯로 빈틈없이 가득 채울 수 있습니다.
따라서 정사각형 ㉯는 주어진 직사각형을 빈틈없이 가득 채울 수 있는 정사각형 중 가장

큰 정사각형이므로 정사각형 ㉯의 한 변의 길이는 가로와 세로의 최대공약수와 같습니다.
정사각형 ㉯의 한 변의 길이는 2cm 이므로 두 수의 최대공약수는 2입니다.

30 답 65°

그림과 같이 직선 가, 나에 평행한 직선 다, 라, 마를 그리면,

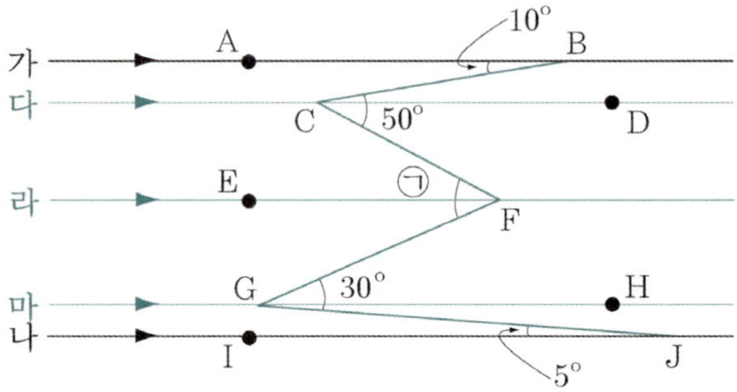

① 각 BCD = 각 ABC = 10° (∵ 엇각)

→ 각 CFE = 각 DCF = 50° − 10° = 40° (∵ 엇각)

② 각 HGJ = 각 GJI = 5° (∵ 엇각)

→ 각 EFG = 각 FGH = 30° − 5° = 25° (∵ 엇각)

따라서 ①, ②에 의해

각 ㉠ = 각 CFE + 각 EFG = 40° + 25° = 65° 입니다.

31 답 30°

그림과 같이 직선 가, 나에 평행한 직선 다, 라, 마, 바를 그리면,

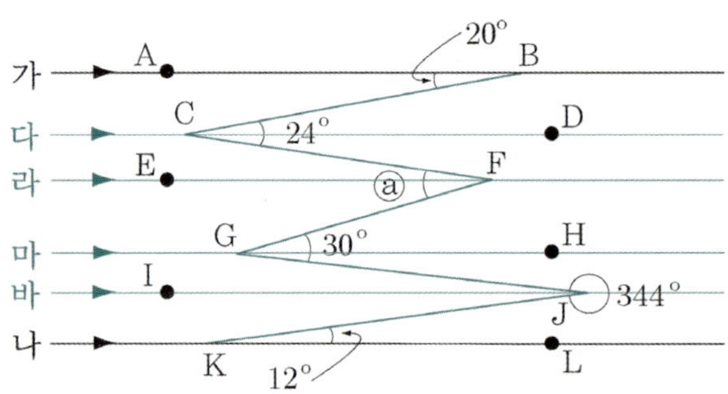

① 각 BCD = 각 ABC = 20° (∵ 엇각)

→ 각 CFE = 각 DCF = 24° − 20° = 4° (∵ 엇각)

② 각 IJK = 각 JKL = 12° (∵ 엇각)

→ 각 GJI = 360° − 12° − 344° = 4°

→ 각 HGJ = 각 GJI = 4° (∵ 엇각)

→ 각 EFG = 각 FGH = 30° − 4° = 26° (∵ 엇각)

따라서 ①, ②에 의해

각 ⓐ = 각 CFE + 각 EFG = 4° + 26° = 30° 입니다.

32 답

(1) ④ 11108889

⑤ 1111088889

⑥ 111110888889

⑦ 11111108888889

⑧ 1111111088888889

⑨ 111111110888888889

(2)

11 ⋯ 11088 ⋯ 889

곱해지는 수에서 연속하는 3의 개수만큼 반복

곱해지는 수에서 연속하는 3의 개수만큼 1이 반복된 후 0이라는 수가, 그 다음에 다시 곱해지는 수에서 연속하는 3의 개수만큼 8이 반복된 후 9라는 수가 나타납니다.

33 답 풀이 참고

×	1	2	3	4	5	6	7	8
1	1	2	3	4	5	6	7	8
2	2	4	6	8	10	12	14	16
3	3	6	9	12	15	18	21	24
4	4	8	12	16	20	24	28	32
5	5	10	15	20	25	30	35	40
6	6	12	18	24	30	36	42	48
7	7	14	21	28	35	42	49	56
8	8	16	24	32	40	48	56	64
9	9	18	27	36	45	54	63	72
10	10	20	30	40	50	60	70	80

㉠

① ㉠에서 제곱수가 나타납니다.

② ㉠의 수들을 1부터 차례대로 보면 뒤의 수는 앞의 수보다 3, 5, 7, 9, ⋯씩 커집니다.

즉 커지는 수가 앞에서 커진 수보다 2씩 더 많이 커집니다. 이는 다른 대각선에 있는 수를 보아도 모두 성립합니다.

③ ㉠을 기준으로 수가 선대칭으로 같습니다.

④ 표에서 색칠된 부분의 수들을 2부터 차례로 보면 뒤의 수는 앞의 수보다 6, 10, 14, ⋯씩 커집니다. 즉 커지는 수가 앞에서 커진 수보다 4씩 더 많이 커집니다. 이는 어떤 한 수를 기준으로 오른쪽으로 두 칸, 아래로 한 칸씩 내려갈수록 같은 규칙을 보입니다.

⑤ 가로줄과 세로줄은 각각 처음 시작한 수의 배수입니다.

34 **답** 풀이 참고

+	1	2	3	4	5	6	7	8	9	10
1	2	3	4	5	6	7	8	9	10	11
2	3	4	5	6	7	8	9	10	11	12
3	4	5	6	7	8	9	10	11	12	13
4	5	6	7	8	9	10	11	12	13	14
5	6	7	8	9	10	11	12	13	14	15
6	7	8	9	10	11	12	13	14	15	16
7	8	9	10	11	12	13	14	15	16	17
8	9	10	11	12	13	14	15	16	17	18
9	10	11	12	13	14	15	16	17	18	19
10	11	12	13	14	15	16	17	18	19	20

① → 또는 ↓ 방향으로 1씩 커집니다.

② ↘ 방향으로 2씩 커집니다.

③ ⤢ 방향으로 수가 같습니다.

④ 색칠된 부분과 같이 어느 한 수를 기준으로 계단 모양으로 수가 1씩 커집니다.

35 **답**

(1)

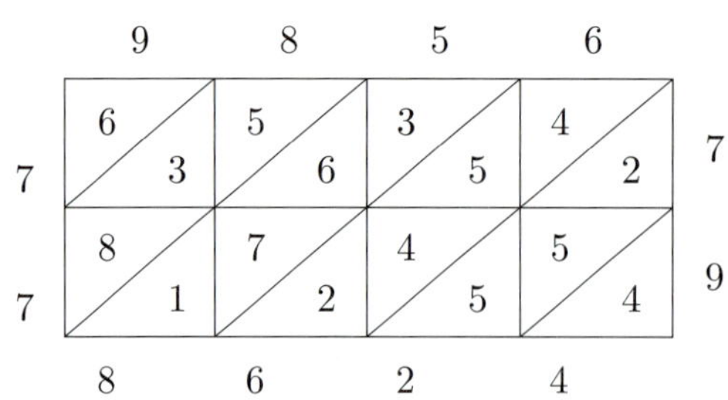

(2)

$$\begin{array}{r} 9856 \\ \times \quad 79 \\ \hline 88704 \\ 68992 \\ \hline 778624 \end{array}$$

36 답

(1)

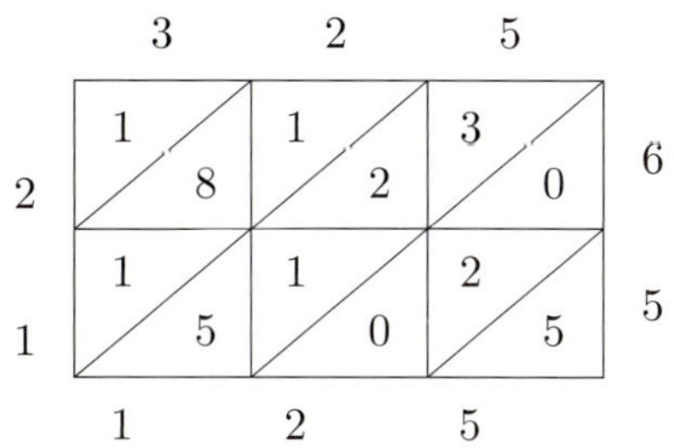

(2)

$$\begin{array}{r} 325 \\ \times \quad 65 \\ \hline 1625 \\ 1950 \\ \hline 21125 \end{array}$$

37 답 46개

3씩 늘어나는 규칙입니다. 따라서 (n번째 바둑돌의 개수) $=1+3\times n$와 같이 구할 수 있습니다.

15번째 바둑돌의 개수는 $1+3\times 15=46$개입니다.

38 답 (1) 24개 (2) 12개 (3) 2개

39 답 13번째 모양

처음 정육각형 모양에 사용된 막대기의 수는 12개이고 각 선분에 있는 막대기의 수는 2개, 3개, … 로 늘어납니다. 따라서 (n 번째에 사용된 막대기의 수) $=12\times n$이므로 $12\times n\le 160$을 만족하는 n을 찾으면, $160\div 12=13\cdots 1$이므로 13번째 모양까지 만들 수 있습니다.

40 답 4

			4			
		3	4	3		
	2	3	4	3	2	
1	2	3	4	3	2	1
(1)	(2)	(3)	(4)	(5)	(6)	(7)

모양이 계속 반복됩니다.

$100 \div 7 = 14 \cdots$ 2이므로 100번째에 놓일 모양은 $\begin{array}{|c|}\hline 2 \\ \hline 2 \\ \hline \end{array}$ 입니다. 따라서 $2+2=4$입니다.

41 답 위에서부터 차례로 다음 그림과 같습니다.

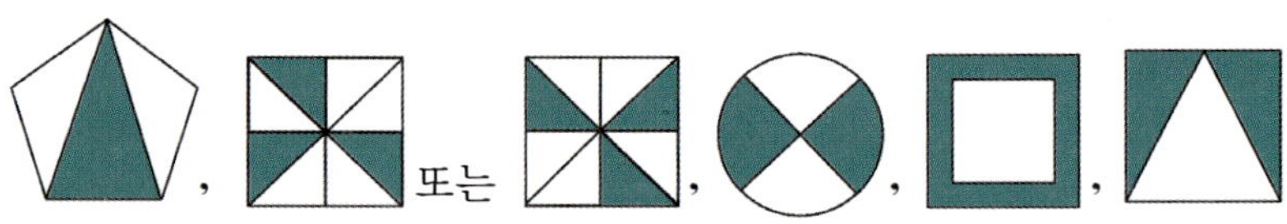

42 답 위에서부터 차례로 다음 그림과 같습니다.

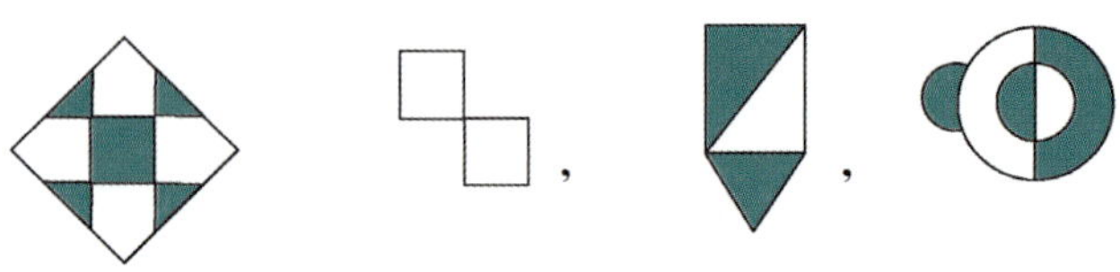

43 답

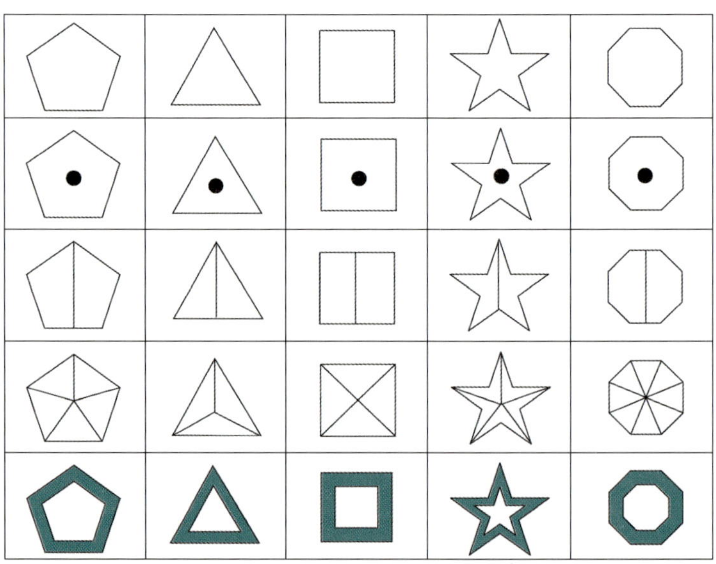

44 답 (지상원 - 일본), (김효은 - 한국), (박동혁 - 중국)

성 \ 이름	상원	효은	동혁	일본	한국	중국
박	×	×	○	×	×	○
지	○	×	×	○	×	×
김	×	○	×	×	○	×
일본	○	×	×			
한국	×	○	×			
중국	×	×	○			

45 답 (한정혜 - 야구), (윤성진 - 농구), (김서연 - 축구), (정수재 - 피구)

성 \ 이름	정혜	성진	서연	수재	피구	축구	야구	농구
윤	×	○	×	×	×	×	×	○
정	×	×	×	○	○	×	×	×
한	○	×	×	×	×	×	○	×
김	×	×	○	×	×	○	×	×
피구	×	×	×	○				
축구	×	×	○	×				
야구	○	×	×	×				
농구	×	○	×	×				

46 답 풀이 참조

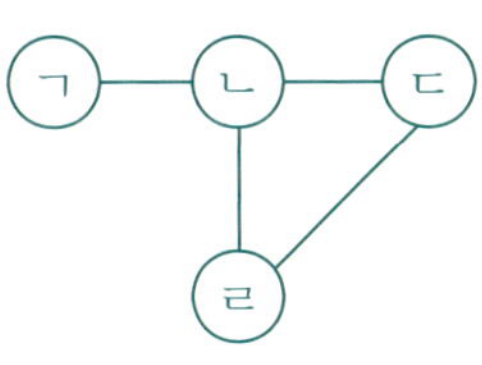

i) '3 ⇒ 7'에서 7은 3을 제외한 모든 수를 더한 값이므로 ㉡ = 3입니다.

ii) ㉡ = 3이므로 ㉠은 주변의 합이 3인 4입니다.

나머지 수들을 조건에 맞게 써넣으면 다음과 같이 두 가지입니다.

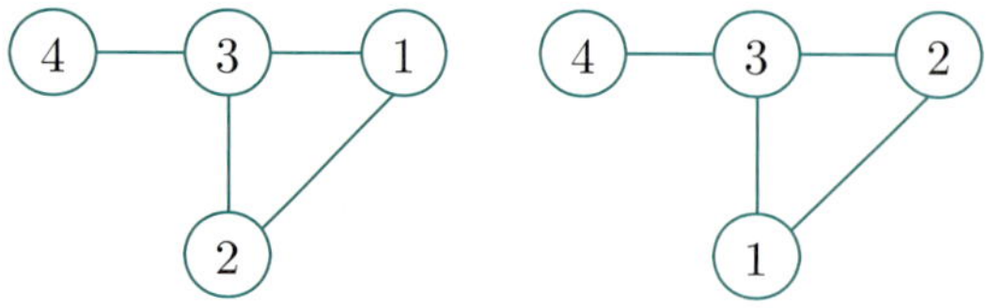

47 **답** 150가지

X → F : 5가지, F → N : 3가지, N → P : 2가지, P → Y : 5가지이므로 X에서 Y까지 가는 길은 모두 $5\times3\times2\times5=150$가지입니다.

48 **답** (1) ②, ④, ⑤, ⑥, ⑦, ⑧, ⑨ (2) ②, ⑥, ⑧, ⑨ (3) ④, ⑤, ⑦

홀수 개의 선분이 만나는 점을 홀수점이라 하고, 짝수 개의 선분이 만나는 점을 짝수점이라 합시다. 우선 홀수점과 짝수점의 특징을 살펴보면

① 홀수점

- 그 점에서 한 선을 통해 나가면 마지막도 나가면서 끝납니다.
- 한 선을 통해 그 점으로 들어오면 마지막도 들어오면서 끝납니다.

② 짝수점 - 그 점에서 한 선을 통해 나가면 다른 선을 통해 그 점으로 들어오면서 끝납니다.
- 한 선을 통해 그 점으로 들어오면 다른 한 선을 통해 나갑니다.

이와 같은 특징으로 인해 다음과 같은 성질을 가집니다.

- 홀수점이 0개이거나 2개일 때 : 한 붓 그리기가 가능
- 홀수점이 0개일 때 : 오일러 순환길(출발점과 도착점이 같은 길)
- 홀수점이 2개일 때 : 오일러길(출발점과 도착점이 다른 길)

→ 한 홀수점에서 출발하면 다른 홀수점으로 도착합니다. 따라서,

(1) 한 붓 그리기가 가능한 것 : ②, ④, ⑤, ⑥, ⑦, ⑧, ⑨

(2) 오일러길 : ②, ⑥, ⑧, ⑨

(3) 오일러 순환길 : ④, ⑤, ⑦

49 **답** (1) ①, ⑤, ⑥, ⑦, ⑧, ⑨ (2) 없다. (3) ①, ⑤, ⑥, ⑦, ⑧, ⑨

48번 풀이 참고

50 답 (A : 3개), (B : 검은색), (C : 4개), (D : 2개), (E : 흰색), (F : □), (G : ○), (H : ☆), BCH: ★★★★

		해당되는 알파벳	공통된 알파벳	결론
모양	□	ABF, CBF, DEF, AEF	F	F : □
	☆	CEH, ABH	H	H : ☆
	○	BDG, DEG	G	G : ○
개수	2개	BDG, DEF, DEG	D	D : 2개
	3개	ABF, ABH, AEF	A	A : 3개
	4개	CEH, CBF	C	C : 4개
색	흰색	CEH, DEF, DEG, AEF	E	E : 흰색
	검은색	ABF, ABH, CBF, BDG	B	B : 검은색

51 답 92cm

$(9+3+11)\times 4=92\text{cm}$

52 답 (1) 60° (2) 20° (3) 80°

(1) 각 ⓐ = 60°(∵ 엇각)

(2) 각 ⓑ = 20°(∵ 엇각)

(3) 각 ㉠ = 각 BCD + 각 DCF이고

각 BCD = 각 ⓐ (∵ 엇각),

각 DCF = 각 ⓑ (∵ 엇각)이므로

각 ㉠ = 60° + 20° = 80°입니다.

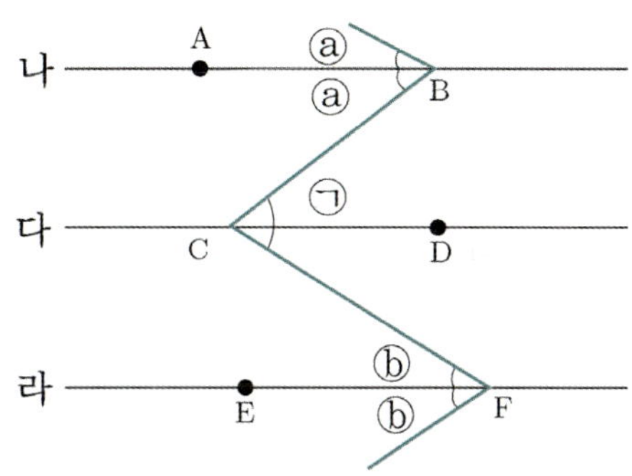

53 답 각 ㉠ = 100°, 각 ㉡ = 80°, 각 ㉢ = 80°

i) 각 ㉢ = 80° (∵ 동위각)

ii) 각 ㉠ = 180° − 각 ⓐ = 180° − 각 ㉢

= 180° − 80° = 100°

iii) 각 ㉡ = 각 ⓑ = 각 ⓒ = 80°

따라서 각 ㉠ = 100°, 각 ㉡ = 80°,

각 ㉢ = 80°입니다.

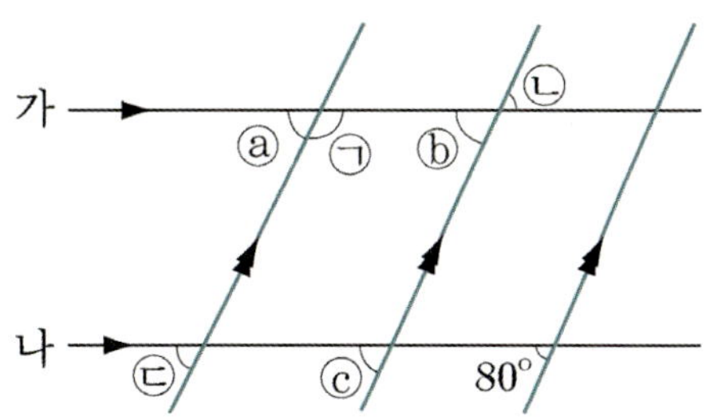

54 답 주어진 수를 1부터 23까지의 서로 다른 홀수의 곱으로 표현해보면,

- $11 = 1 \times 11$
- $399 = 19 \times 21$
- $65 = 5 \times 13$
- $255 = 15 \times 17$
- $21 = 1 \times 21 = 3 \times 7$
- $357 = 17 \times 21$
- $95 = 5 \times 19$
- $3 = 1 \times 3$
- $195 = 13 \times 15$
- $77 = 7 \times 11$

이므로 공통으로 곱해진 수를 찾아서 빈 칸에 알맞은 수를 써 넣으면 답은 다음과 같습니다.

		1		11	11
21	19				399
	5		13		65
17			15		255
		3		7	21
357	95	3	195	77	

55 **답** (A : 검은색), (B : 3개), (C : ○), (D : □), (E : △), (F : 빗금), (G : 흰색), (H : 2개), (I : 1개), BDG : □□□

		해당되는 알파벳	공통된 알파벳	결론
모양	△	AEH, EFH, EGI	E	E : △
	□	BDF, ADI	D	D : □
	○	CGH, BCG, ACI	C	C : ○
개수	1개	EGI, ADI, ACI	I	I : 1개
	2개	AEH, EFH, CGH	H	H : 2개
	3개	BDF, BCG	B	B : 3개
색	흰색	EGI, CGH, BCG	G	G : 흰색
	검은색	AEH, ADI, ACI	A	A : 검은색
	빗금	BDF, EFH	F	F : 빗금

56 **답** 16개

1부터 9까지의 수 중 소수는 2, 3, 5, 7이고, 세 자리 회문수는 ★◇★(단, 같은 문자는 같은 수) 모양이므로 조건을 만족하는 수는 다음과 같습니다.

222	232	252	272
323	333	353	373
525	535	555	575
727	737	757	777

➔ $4 \times 4 = 16$개

57 **답** 298개

방법 1)

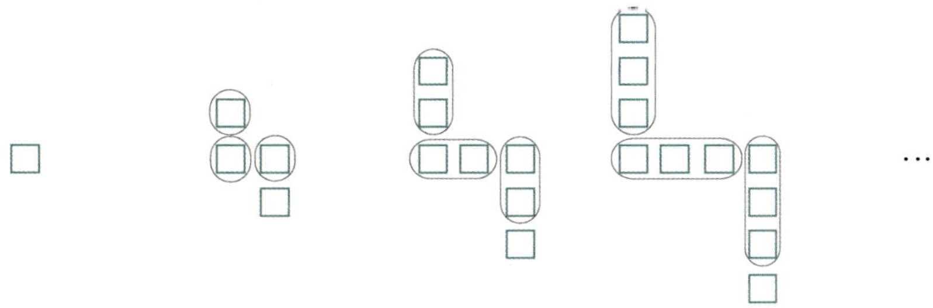

1	$1 \times 3 + 1$	$2 \times 3 + 1$	$3 \times 3 + 1$	$\cdots$
(1)	(2)	(3)	(4)	$\cdots$

따라서 (n번째 □의 개수)$=(n-1)\times 3+1$이므로 100번째 □의 개수는 $(100-1)\times 3+1=298$개입니다.

방법 2)

1	$2 \times 3 - 2$	$3 \times 3 - 2$	$4 \times 3 - 2$	$\cdots$
(1)	(2)	(3)	(4)	$\cdots$

따라서 (n번째 □의 개수)$=n\times 3-2$이므로 100번째 □의 개수는 $100\times 3-2=298$개입니다.

방법 3)

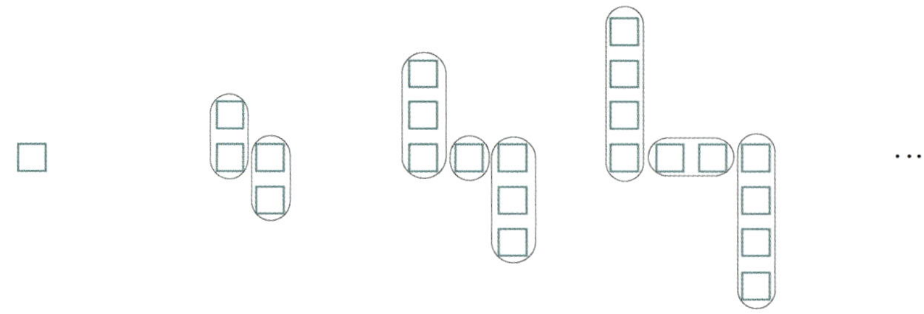

1	2×2	$2\times3+1$	$4\times2+2$	…
(1)	(2)	(3)	(4)	…

따라서 (n번째 □의 개수)$=n\times2+(n-2)$이므로 100번째 □의 개수는 $100\times2+(100-2)=298$개입니다.

58 답

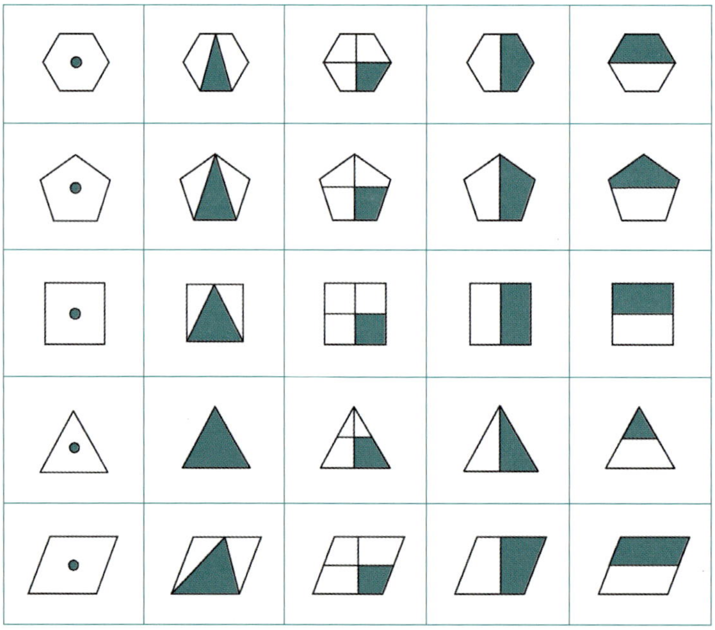

59 답 (x-군인), (y-정원사), (z-의사), (m-선생님)

직업 / 이름	선생님	의사	군인	정원사
x	×	×	○	×
y	×	×	×	○
z	×	○	×	×
m	○	×	×	×

60 답 74개

번째 수	1	2	3	4	5	6	7	8	9	10
주머니의 개수	2	6	10	14	18	22	26	30	34	38

4개씩 늘어나는 규칙입니다. 따라서 (n번째 ○ 의 개수)$=2+4\times(n-1)$ 이므로 (19번째 올 ○의 개수)$=2+4\times(19-1)=74$개입니다.

홍선호

서울에서 태어나 서울교육대학교를 졸업하고 국제문화대학원대학교 영재교육학 박사학위를 받았다. 1995년 획기적인 수학교육방법인 〈사고력 수학 영재 교육 프로그램〉을 개발하여 수학계와 교육계의 주목을 받았다. 서울 예일초등학교 교사로 재직하였으며, 현재 국제문화대학원대학교 연구교수와 M496 창의수학연구소 소장직을 맡고 있다.

저서로는 『맛있는 수학』, 『심화 수학』, 『멘토 수학(자기 주도 학습)』, 『창의 사고력 수학』, 『과학자가 들려주는 과학 이야기』, 『천재들이 만든 수학 퍼즐』, 『비·비율 거기 섯』, 『최강 수학』, 『공부 귀신』, 『수학 사전』, 『홍쌤의 수학알레르기 이별수업』, 『홍쌤의 생각하는 수학』, 초등과정 8권, 중등과정 8권 시리즈가 있다. 또한 『Why 수학 교과서』, 『센스 수학』, 『수학동화』, 『Why시리즈 인문편』 등 다수의 출간도서 감수를 맡았다.

이진경

– M496 창의 수학 연구소 연구원
– 스토리텔링 STEAM형 수학지도사 자격증 (주최 : 조선에듀케이션)
– 주요 경력 : 홍쌤의 생각하는 수학 수학강사, 휴브레인 수학전문학원 강사,
마테바움 수학 전문학원 팀장

선종민

– M496 창의 수학 연구소 연구원
– 저서 : 『천재들이 만든 수학퍼즐 시리즈』 등

홍기성

– M496 창의 수학 연구소 연구원

멘토와 멘티시리즈 • 1
멘토가 안내하고 영재들이 만든 **사고력 수학**

초판 인쇄 2015년 1월 15일
초판 발행 2015년 1월 20일

지 은 이 홍선호 · 이진경 · 선종민 · 홍기성
펴 낸 이 오상훈
펴 낸 곳 교우미디어

주 소 서울특별시 동대문구 약령시로 8 교우빌딩 2층
전 화 02)925-2866(대표), 02)925-2825(편집부), 969-5762(홈쇼핑)
팩 스 02)925-2860
이 메 일 kyowoo@kyowoo.co.kr
홈페이지 http://www.kyowoo.co.kr
등록번호 제305-2011-000007호

ISBN 979-11-85417-04-2 (64410)
979-11-85417-03-5 (세트)

값 **13,000**원